麦斯李的
数学星球历险记

适用于小学低年级

李君卿　编著

电子工业出版社
Publishing House of Electronics Industry
北京·BEIJING

未经许可，不得以任何方式复制或抄袭本书之部分或全部内容。
版权所有，侵权必究。

图书在版编目（CIP）数据

麦斯李的数学星球历险记 / 李君卿编著． -- 北京：电子工业出版社，2025.2． -- ISBN 978-7-121-49456-7

Ⅰ．O1-49

中国国家版本馆CIP数据核字第2025GU7147号

责任编辑：葛卉婷
印　　刷：北京宝隆世纪印刷有限公司
装　　订：北京宝隆世纪印刷有限公司
出版发行：电子工业出版社
　　　　　北京市海淀区万寿路173信箱　邮编：100036
开　　本：720×1000　1/16　印张：7.75　字数：148.8千字
版　　次：2025年2月第1版
印　　次：2025年2月第1次印刷
定　　价：39.80元

凡所购买电子工业出版社图书有缺损问题，请向购买书店调换。若书店售缺，请与本社发行部联系，联系及邮购电话：(010) 88254888，88258888。

质量投诉请发邮件至zlts@phei.com.cn，盗版侵权举报请发邮件至dbqq@phei.com.cn。

本书咨询联系方式：(010) 88254596，geht@phei.com.cn。

目录

第一章　数一数·比多少 / 001

第二章　上下、前后、左右 / 006

第三章　20以内数的进退位 / 013

第四章　认识图形 / 021

第五章　认识钟表 / 028

第六章　找规律 / 035

第七章　分类与整理 / 041

第八章　认识人民币 / 045

第九章　100以内数的认识和加、减法 / 051

第十章　万以内数的认识 / 057

第十一章　表内乘法 / 063

第十二章　表内除法 / 070

第十三章　观察物体 / 077

第十四章　长度单位 / 082

第十五章　克与千克 / 087

第十六章　角的认识 / 093

第十七章　搭配问题 / 100

第十八章　数据收集整理 / 106

第十九章　简单推理 / 115

第一章

数一数·比多少

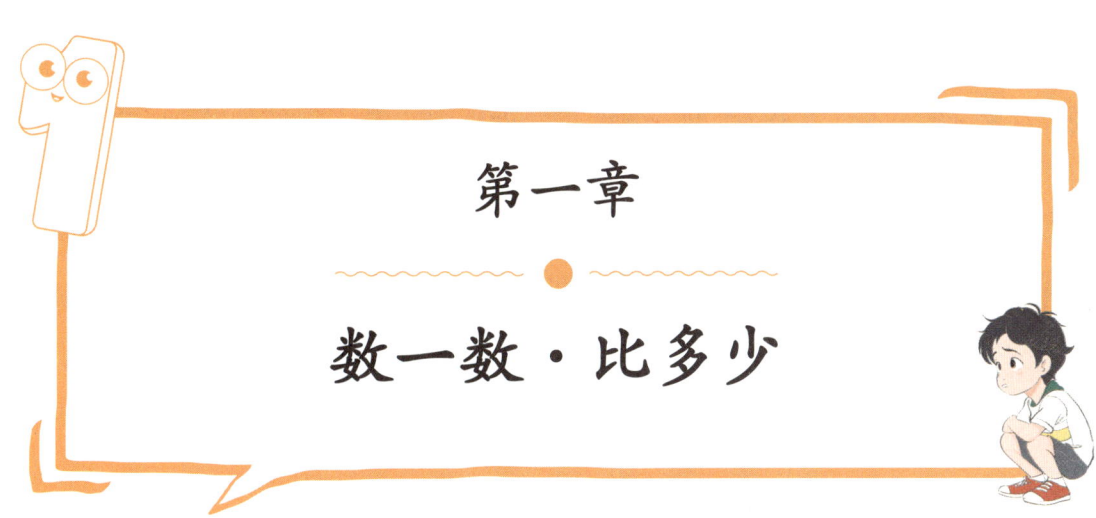

"大家好!我叫麦斯李!我家住在北京市朝阳区幸福街道……多少号来着?!我今年……是5岁还是6岁来着?!"眼前这个正在做自我介绍的小朋友叫麦斯李。麦斯李的表达能力很强,可是他不太擅长数学。大家都被他逗乐了。

大家做完自我介绍后,班主任李老师清了清嗓子说:"今天的第一节课是数学课。"

麦斯李头昏脑涨地上完了这节课,下课时,李老师拿出一本书说:"这

是一本神奇的'数学魔法书',谁在期末数学大赛中获得冠军,谁就能把它带回家。"

数学魔法书的样子深深地印在了麦斯李的脑海中,睡觉前他都在想要怎么得到它,想着想着,他慢慢地闭上了眼睛。

"啊!"一个女孩的声音传来,麦斯李被吓醒了。他睁开眼发现眼前是一个充满数字和形状的奇妙世界,房子是一个个泡泡摞起来的样子。

突然,一个女孩朝他跑来,冲他喊道:"救救我!"麦斯李来不及多想,拉起女孩就跑。麦斯李把女孩拽到一个垃圾桶后面,两个小孩就这样躲过了追捕。

随后,他们来到女孩的家——一间看不出墙壁颜色的房屋,屋内只有一张破了皮的沙发、一张缺了角的桌子和一个歪歪扭扭靠在墙角的柜子。女孩边朝柜子走边说:"我叫小八,谢谢你刚才救……"话还没说完,女孩差点儿昏倒。

麦斯李一个箭步冲过去扶住女孩,问道:"你怎么了?"

"我有点儿头晕,柜子从下往上数的第2层抽屉中的第3个铁盒里有治病的糖……"还没说完,女孩便昏过去了。

这可难坏了麦斯李,作为一名刚上小学的学生,他现在还不识数。麦斯李从一个抽屉里翻出一个铁盒,他一边打开铁盒,一边自言自语:"怎么有这么多糖豆啊!"看着铁盒

第一章 数一数·比多少

里五颜六色的糖豆,麦斯李又犯嘀咕了:"刚才她说吃什么颜色的来着?"他思来想去,决定冒个险:他挑了个粉红色的糖豆放到女孩嘴里。女孩的头立刻像气球一样"呼呼呼"地鼓了起来,麦斯李赶紧捏开女孩的嘴巴,趁糖豆还没完全融化,掏出来扔到了地上。他又拿起一个蓝色的糖豆放到女孩嘴里,女孩的耳朵开始变尖,头顶也越来越尖。"哎呀,这个也不行!"麦斯李赶紧把蓝色糖豆也拿了出来。随即他又试了黄色糖豆和绿色糖豆,女孩的头仿佛成了变形器,一

会儿像树叶,一会儿像花瓶。

在麦斯李坚持不懈地"帮倒忙"下,女孩渐渐醒了过来。她揉了揉有些疼的脑袋说:"刚才你给我吃了什么?"

麦斯李尴尬一笑,说:"就是救你的那个糖豆啊!"

"糖豆?应该是糖水!"女孩似乎明白了什么。

"糖水?"麦斯李尴尬极了,他回想起刚才女孩只说到了"糖",便昏过去了。他抬头看着女孩说:"对不起。"

"你不识数吧?"女孩渐渐平静下来,指着柜子问,"第2层第3个盒子还好好地在柜子里,你拿的是第4层的盒子!"

麦斯李十分羞愧,刚刚他还是舍己救人的"大英雄",没想到一下就变成了连数都不认识的"大狗熊"。他扭过身,不好意思再看女孩的脸。

女孩又好气又好笑地说:"行了,我不怪你了。谢谢你救了我,我还不知道你叫什么呢!"

"麦斯李!"听到女孩的话,麦斯李的眼里又有了光。

女孩问:"你真的不认识数吗?"

"我才刚上小学。"麦斯李不服气地说道。

"要不,我教你认数吧。"

"好呀!好呀!"

女孩找来几张碎纸片,分别在上面写下1、2、3、4、5,

笑着说："后面一个数字是6,6像口哨吹得响,7像镰刀割青草,8像葫芦,9像勺,10像鸡蛋加油条!"

两个小伙伴把10张纸片一一摆在桌面上。麦斯李突然问道:"你刚刚只说了后边几个数的样子,能不能也说说前面几个数的样子呢?"

"那就需要你自己观察了!"

"你为什么要把6、7、8、9、10放在后边,而不是放在前边呢?"

小八笑着说:"因为后边的数比前边的数大呀。"

麦斯李听后默默地点了点头,似懂非懂地思考起来。不过他很快便眼前一黑,失去了知觉。

1		6	
2		7	
3		8	
4		9	
5		10	

第二章

上下、前后、左右

麦斯李醒来时已经是第二天的清晨了。

"麦斯李,你醒啦,快把这个智慧糖水喝了。"小八拿来一瓶糖水递给麦斯李。

"我怎么会昏倒呢?"麦斯李趁着喝糖水的间隙问道。

"这里是数学星球,需要有足够的智慧能量才能生存。你之前连数字都不认识,说明你身体里的智慧能量太少了。你认数又消耗了大量智慧能量,所以体力不支,昏倒了。"女孩没好气地说道。

"啊?那我岂不是有生命危险?"麦斯李吓坏了。

"你现在有没有感觉身体比昨天有力量了?"女孩冲麦斯李俏皮一笑问道。

麦斯李点点头说:"是感觉比昨天精神了。"

"一方面你昨天认识了数字,你的智慧能量增加了;另

第二章 上下、前后、左右

一方面我给你喝了智慧糖水。不过智慧糖水对智慧能量的提升作用是暂时的，只有通过学习数学知识得到的智慧能量才永远是你自己的。"女孩意味深长地说道。

"我记得我做完作业就去睡觉了，怎么醒来就到了数学星球？我想回家……"麦斯李带着哭腔说。

"我也不知道，目前最重要的是提升你的智慧能量，然后我们一起想办法送你回去，不然你在这里连生存都是问题。"小八耐心地安慰他。麦斯李也认同地点了点头。

"我们现在得回一趟我家，一方面帮你提升智慧能量并且寻找帮你回家的方法；另一方面我要搞清楚为什么有人要抓我。"小八认真地说道。

"这里不是你家吗？"麦斯李感到有些奇怪。

"之前我爸爸来数学星球工作，带我一起来的。后来爸爸不见了，还有一群人到处抓我，这是我临时找的一座没人住的房子。我得回家弄明白这一切，找到爸爸。"小八想到爸爸，眼里充满泪花。

"放心，我会帮你一起找你爸爸的。"麦斯李拍了拍小八的肩膀安慰道。

他们随即一边躲避抓捕，一边溜出了城市。小八走到一片树林边时停下了脚步。

如果我们进去后迷路了可怎么办呀？"小八有些担心。

这时，一个中年人朝他们走来。小八疑惑地问："叔叔，您是谁呀？"

"你可以叫我笛卡儿叔叔。我听到你刚才说担心走进树林会迷路，有地图就不会迷路啦。"笛卡儿微笑着说。

"笛卡儿叔叔，您有这片树林的地图吗？"麦斯李问道。

"没有。"笛卡儿摊了摊手，看到再次陷入无助的两个小孩，他又笑着说道，"你们可以画个地图呀。你们站在高的地方，看一下整片树林是什么样的，然后把它画下来。"麦斯李自告奋勇，在附近找了一棵最高的树，"嗖"地一下就爬了上去。

小八在下面喊："小心点儿，注意安全！"

麦斯李爬到树顶看了一眼，说道："这片树林里的树是一个方格、一个方格地整齐排列的。我来数一数有多少个方格，小八，你画一画。"

"好。"小八拿出纸和笔做好准备。

"1、2、3、…、9、10。"麦斯李认真地数着，"树木组成的小方格横着数一共有10行。"同时小八认真地画着。

"竖着数是10列。"麦斯李数完爬了下来，看着小八把地图画完后接着说，"相邻方格之间有路可以走，出口在这里。"说完他在地图上指了出来。

"我们现在在哪里?"小八问道。

麦斯李指出了他们现在的位置,然后说道:"地图有了,可是我们进去后周围都是树,还是不知道该怎么走啊。"

笛卡儿看着他们画的地图,说道:"你们可以提前定好要走的路,这样进去后就不会迷路了。"

正在小八迷惑时,麦斯李突然说:"对呀,在地图上,我们先向右走3个方格,然后向后走2个方格,接着向右走5个方格,再向前走7个方格就到出口了。"(注:也可走其他路线,合理即可)

笛卡儿微笑地点了点头说:"不错!你们知道地图上的上、下、左、右、前、后在现实中对应的是什么方向吗?"

"这……"麦斯李陷入了沉思。

"想一想你们是怎么画出来这个地图的。"笛卡儿提示他们。

"从上往下看树林,画出的地图。"小八抢答道,"我们看地图也应该是从上往下看的,但是我们面朝的方向不同,地图上的前、后、左、右也不一样,这该如何是好?"

"我知道了。"只见麦斯李捡起一块石头放在地图上,"把这块石头看成我们,石头右侧的这条路也就是我们正对着的这条路,先向前走3格,然后向右走2格,接着向左走5格,再向左走7格。"

"真棒!我再问你们一个问题,如果你们在树林里遇到危险,不小心走散了,该怎么确定自己的位置?又该怎么走出去呢?"笛卡儿又问道。

一阵沉默之后,麦斯李小声嘟囔道:"这些路口要是都有名字就好了,我们就知道自己在哪里了。"

"那我们给它们起个名字吧!可是这么多路口,如果名字太多我们也记不住呀。"小八的眼睛一亮,随即又暗淡下去。

第二章 上下、前后、左右

"可以用数字给它们命名。"笛卡儿指着地图说道,"横着从左往右数,第一个路口用1表示,第二个路口用2表示,以此类推。同样,竖着从下往上数,第一个路口用1表示,第二个路口用2表示,以此类推。这样所有路口都可以用横线和竖线上的数字表示。比如我们现在所在的位置,横线上对应的是0,竖线上对应的是5,就可以用(0,6)来表示。"

"我明白了,出口就可以用(8,10)来表示。"麦斯李瞬间从地上蹦了起来,吓了小八一跳。

"对呀,想想如果你们走散了,小八在(3,6)路口,而你在(4,5)路口,你怎么去找小八?"笛卡儿看向麦斯李。

"那我就向左走一格到(4,6),再向左走一格到(3,6),这样我就能找到小八了。"麦斯李说完,充满期待地看向笛卡儿。

笛卡儿满意地点了点头赞赏道:"看来你已经掌握了地图的使用方法,还学会了使用平面直角坐标系。"

"平面直角坐标系?"小八和麦斯李异口同声。

"对的,这个就是平面直角坐标系。横线叫作横轴,竖线叫作竖轴,沿着箭头的方向,数越来越大,点(0,0)叫

麦斯李的 数学星球历险记

作原点。"笛卡儿认真地解释着。

小八和麦斯李向笛卡儿道谢后便拿着地图开始穿越树林了。同时,麦斯李感觉到一股新的智慧能量出现在自己体内。

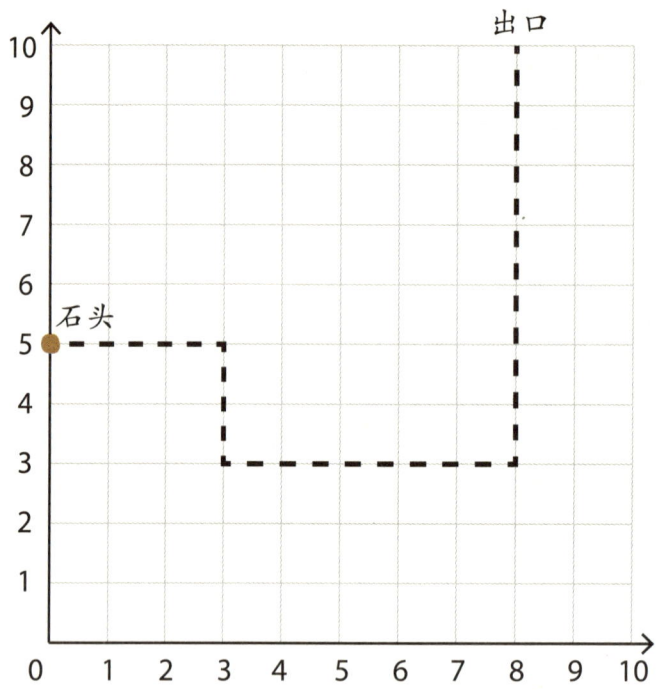

第三章

20以内数的进退位

麦斯李和小八穿越树林刚开始一切都很顺利,可是当他们走到树林深处的时候,头顶忽然传来一个声音:"你们是什么人?为什么要闯进坐标树林?"

这一声吓得麦斯李手中的地图都掉了,等他们回过神来时,看到一个戴着树叶帽子的小男孩,他正拿着麦斯李他们的地图把玩。

"快把地图还给我们。"小八看着他手里的地图,想抢回来。只见小男孩"嗖"地一下跳到了一棵大树上,并把地图藏到了衣服里,他再次问:"你们到底是什么人?为什么要闯进坐标树林?"

"你是什么人?为什么要抢我们的地图?"小八生气地说。

"我是守护这片坐标树林的神,大家都叫我树林之神。"小男孩装腔作势地说道。

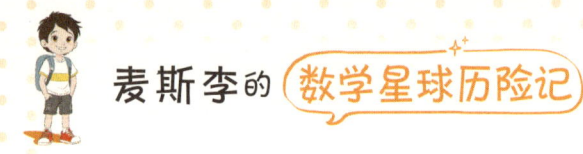

"你是偷走我们地图的大坏蛋。"麦斯李气愤地说。

"居然说我是坏蛋,那就让你们见识见识我的厉害。"小男孩生气地拍了一下旁边的大树说,"智慧树阵,开!"

小男孩话音刚落,只见周围的树木和石头居然移动了起来,片刻工夫便围成了一个圆圈,石头在里,树木在外,把麦斯李和小八围在了中间。小八生气地说:"我们是为了回家才穿越树林的,你快把地图还给我们,放我们出去。"

"我才不相信你们说的话,你们是从π城方向来的,肯定是我师父口中的坏蛋。"小男孩同样生气地说,"休想让我放你们出来,你们有本事就自己破阵。"

"自己破就自己破!"小八被气得不轻,转过头看着麦斯李问道,"怎么破阵呢?"

麦斯李盯着一块石头思索片刻后说:"我知道了,你看这些石头,每块石头上都有数量不一样的树叶和一个方框,应该是把每块石头上树叶的数量写到对应的方框里。"

"那我们试试吧。"小八拉着麦斯李走到最近的一块石头旁开始认真地数起来。

"1、2、3、…、9、10。"数到10,麦斯李突然停住了,"我只会数到10,

第三章 20以内数的进退位

可是树叶数量多于10。"麦斯李尴尬地看向小八。

"我爸爸曾经教给我一个口诀'有十有几，就是十几'。你看看这里的树叶，10片之外还有3片，那么'有十有三，就是十三'。"小八耐心地说着。

"可是十三应该怎么写呢？"麦斯李再次看向小八。

"1和3连着写就可以了，前面的1所在的位置叫'十位'，十位上是几就代表几个十，十位上是1，就代表1个十；后面的3所在的位置叫'个位'，个位上是几就代表几个一，个位上是3，就代表3个一，也就是3啦！这样连起来就是13。"听完小八的解释，麦斯李瞬间明白了。

麦斯李信心满满地写下13后便走到下一块石头旁边。"有十有八，就是十八，写成'18'。"

当麦斯李在最后一块石头上写完数后，所有石头全部原地变成了碎块，随后碎石块背后的树上又出现了方框。"看来还要继续破阵呀。"小八指着树上的方框说道。

"那当然，智慧树阵可没你们想得那么简单！"小男孩得意地说道。

麦斯李没有理会小男孩，径直走向

前面的树。"我看每棵树前都有碎石块,是不是要在树上的方框中写出碎石块的数量?"麦斯李边说边在树上写了个6,因为这棵树前面正好有6块碎石。

麦斯李走到旁边的树前,在树上写下了它前面石块的数量3。这时两棵大树忽然合在一起变成了一棵更大的树,只见树身上显示:6+3=□。与此同时,刚才对应的两堆碎石也合并到了一起,出现在大树的正前方。

"这是什么符号?"麦斯李指着"+"问小八。小八瞅了一眼说:"这是加号呀,"加"就是合起来的意思。比如刚才一边是6块碎石,另一边是3块碎石,把它们加起来,一共是多少块碎石呢?"

"9块,那这个框里应该写9。原来如此,这个符号是加号。"麦斯李立马在方框中写上了9,只见大树全身晃动,掉下了好多树叶,同时地上的碎石也消失不见了。

"看来我们写对啦!"小八开心地蹦了起来。

麦斯李计算得十分顺利,加法似乎已经难不住他了。但是当麦斯李看到"8+4=□"时,他不得不再次向小八求助。

第三章 20以内数的进退位

"这是20以内的加法计算，我们可以先凑十，比如8+4，8还差几就能凑成10呢？"小八耐心地引导麦斯李。

"2，8+2=10。"麦斯李很快反应过来。

"对，就是从4里面拿走一个2给8，8变成10，那么4还剩几呢？"

"还剩2，有十有二就是十二，答案是12。"麦斯李掌握方法后快速地把剩下的题目完成了。此时忽然刮来一阵大风，将地上的落叶吹得干干净净。与此同时，大树露出地面的根上出现一个框。

"啊？还有第三层阵法呀。"小八烦躁地说。

"这是最后一层阵法了，不过也是最难的一层，如果你们能成功，我就把地图还给你们。"小男孩强装镇定地说。

"这棵树下没有树叶，也没有石头，要填什么数呢？"小八自言自语。

"树下没有，那就看树上。"麦斯李抬起头数了数树上稀稀拉拉的树叶，然后在方框里写下了9。此时一阵微风吹过，5片树叶被吹落到大树根部，同时根部的框变成了9-5=□。

小八说："这个符号'-'叫减号，

·017

跟加号正好相反，表示将某事物从某事物中除去。刚才树上有9片树叶，风吹掉了5片，那么树上还剩几片树叶呢？"

"还剩4片树叶，也就是9-5=4。"麦斯李将算式补充完整后，地面上的5片树叶瞬间消失了。

"小八，16-9=□怎么算呀？"麦斯李又卡住了。

"你还记得16是由10和几组成的吗？"小八问道。

"有十有六就是十六，由10和6组成的。"麦斯李快速回答道。

"那你想想10和6这两个数谁可以把9减掉呢？"

"用10减去9，还剩1，1再加上6，还剩7，也就是16-9=7。"麦斯李快速写下了答案。

当麦斯李填完最后一个框后，他们周围的树木忽然消失不见了，同时小男孩脚底踩空，摔到了地上。

"终于破除了这个智慧树阵。"麦斯李伸了伸懒腰，感觉体内出现一股磅礴的智慧能量。他抓住小男孩说："你这个坏蛋，快把地图还给我们。"

小男孩拼命挣脱了麦斯李的手，生气地说道："你们才是坏蛋，休想让我把地图给你们。"说完就要跑。

"树儿，把地图还给他们，他们不是坏人，你误会他们了。"不远处有位老者缓慢走来。

第三章 20以内数的进退位

"师父,他们是从π城方向来的。"小男孩跑向老者,一边搀扶着老者,一边打着小报告。

"你是小八?"老者走到小八跟前仔细打量着她,惊讶地问道。

"老爷爷,您认识我?"小八好奇地问道。

"我叫祖冲之,你们可以喊我冲之爷爷。π城当初就是我创建的,我和你爸爸也是在π城认识的。"祖冲之捋着胡须回忆起往事。

"冲之爷爷,您知道我爸爸去哪里了吗?我找不到他了。"小八急切地询问道。

祖冲之摸了摸小八的头,又看了看麦斯李说道:"此事说来话长。小朋友,你应该不是数学星球的人吧?莫非你来自地球?"

"是的,爷爷,我原本在家睡觉,醒来时就到了这里,您知道这是怎么回事吗?"麦斯李急切地看向祖冲之。

"这都是文化大盗惹的祸。这个文化大盗来自比邻星,专门盗取其他星球的独有文化。他之前跑到地球把地球上的数学文化全部盗走了,导致地球上的历史空间混乱,所以你就被传送到了数学星球。"祖冲之气愤地说道。

"爷爷,那他为什么就恰好到了数学星球?还有,我爸

爸的消失是不是也跟这个文化大盗有关？"小八询问道。

祖冲之找到一个地方坐下来说道："数学星球和地球息息相关，数学星球是依靠地球上的数学体系建立起来的。比如我就来自地球上的中国古代，当地球上的数学家去世后就会被传送到数学星球，在这里可以一直研究数学。文化大盗盗走了地球上的数学文化，直接对数学星球造成了影响。他们也通过地球上的数学文化发现了数学星球的存在，并且开始在数学星球上搞破坏。你爸爸的消失肯定和他们有关系，我也被迫逃离了 π 城，在这里设下智慧树阵防止那些坏蛋追过来。所以刚才树儿看到你们是从 π 城来的，以为你们是坏蛋，别介意哦！"

"对不起。"小男孩低着头跟麦斯李和小八道歉。

"没事的，不怪你。"麦斯李拍了拍小男孩的肩膀，转过头问道，"爷爷，那我们现在该怎么办？我想打败文化大盗，帮小八找到爸爸，抢回地球的数学文化，然后回家。"

"办法倒是有，这样吧。你们也饿了一天了，先跟我回家吃饭，吃完饭咱们好好商量一下。"祖冲之起身拍了拍身上的土说道。

"好，那就听爷爷的。"麦斯李拉着小八，眼神坚定地跟着祖冲之走向了树林深处。

第四章

认识图形

麦斯李一行人来到树林深处祖冲之的住所，小男孩准备了丰盛的饭菜，大家边吃边聊。

"冲之爷爷，我们接下来该怎么办？"麦斯李说完往嘴里塞了一口饭。

"我之前说过，数学星球和地球上的数学文化息息相关，只要数学星球里的知识保存完好，那么地球就不会受太大影响，到时候数学星球再复制一份数学文化给地球就可以了。所以，拯救数学星球，就是在拯救地球。"祖冲之喝了一口水，继续说道，"当初地球遭遇变故时，小八的爸爸就有所察觉，所以他把数学星球的知识封存在了四颗宝石之中，分别是空间宝石、数字宝石、时间宝石和逻辑宝石，并派人分别藏到了数学星球的四个地方，文化大盗现在正在数学星球的各个角落搜寻这四颗宝石。"

麦斯李的 数学星球历险记

"那我爸爸现在在哪里?还有,他们为什么抓我呀?"小八听到关于她爸爸的一些情况后急切地问道。

"我不清楚你爸爸去哪里了,但是他们抓你是因为你是保护数学星球知识的关键人物。你爸爸当时知道他躲不过文化大盗的抓捕,所以召集了我们这批数学家,把启动四颗宝石的知识浓缩后传入了你的大脑,所以我才认得你。如果想拯救数学星球,要先找到四颗宝石,然后你利用大脑中的知识启动宝石,这样就可以修复地球的数学文化,同时也能打败文化大盗。"祖冲之看着小八认真地说道。

022

第四章 · 认识图形

"你放心，我会和你一起拯救数学星球的。"麦斯李看着处在震惊中的小八真诚地说。随后他问祖冲之："冲之爷爷，我们的当务之急是先找到那四颗宝石，您有宝石的线索吗？"

"我知道宝石的样子，不过宝石的具体位置需要小八感应。"祖冲之回答道。

"爷爷，那您先告诉我们宝石的样子吧。"小八看向祖冲之。

祖冲之微笑着点了点头，开始描述宝石的样子："这四颗宝石由三种最基本的图形构成，分别是长方形、正方形和三角形。"

"爷爷，我没学过图形，不知道您说的这些图形长什么样子。"麦斯李不好意思地低下了头。

小八一边说一边画了出来："长方形是由四条边首尾相连围成的一个封闭图形，它有四条边、四个角。长方形相对的两条边长度相等，并且相互平行。它的四个角都是直角。"

"什么是平行？什么又叫直角呀？"麦斯李眉头紧锁地问。

"在平面上的两条直线、空间的两个平面以及空间的一条直线与一平面之间没有任何公共点时，称它们平行。像'十'，横线和竖线相交，把交点周围的区域平均分成了四

长方形

正方形

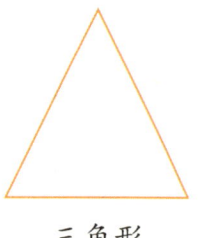
三角形

份,每份区域中的角都是一个直角。"小八认真地解释道。

"我现在会画长方形了,那正方形怎么画呢?"麦斯李画完长方形后跃跃欲试。

"正方形是特殊的长方形,四条边长度相等的长方形就是正方形。"小八像个小老师一样给麦斯李讲解。

麦斯李不一会儿就画好了,他故作谦虚地问道:"请问小八老师,三角形怎么画呢?"

"三角形,顾名思义,有三个角的平面图形,它是由三条边首尾相连组成的封闭图形。"小八一本正经地说。

片刻间,麦斯李画出了一个正确的三角形。祖冲之捋着胡须看着麦斯李和小八点点头说道:"画得不错。接下来我继续说这四颗宝石的形状,你们来画。这四颗宝石都是轴对称图形。空间宝石……"

"等等,爷爷,什么是轴对称图形呢?"麦斯李问道。

祖冲之看了一眼小八,小八心领神会。"我来说一下。一个图形沿一条直线折叠,直线两旁的部分能够完全重合的平面图形就叫轴对称图形，比如长方形，这条直线叫对称轴。"小八一边说一边把一张长方形的纸对折，给麦斯李演示。

"原来是这样，那正方形也是轴对称图形吧。"麦斯李开始举一反三了。

"不错，那咱们继续吧。"祖冲之继续说道，"空间宝石是蓝色的，它由8个大小不同的正方形组成，大正方形套小正方形。"

空间宝石

祖冲之接着说道："要画数字宝石，需要把空间宝石中最大的正方形先平移到空白区域，然后……"

"平移是什么意思？"麦斯李又举手问道。

"在同一平面内，将一个图形上的所有点都沿某个方向做相同距离的移动，这样的运动叫作图形的平移运动，简称平移。平移不改变图形的形状和大小。图形平移前后，对应线段长度相等，对应角相等，对应点所连的线段长度也相等。"小八耐心地解释道。

"我能理解成给图形换个位置不？什么都不变只有位置变了。"麦斯李思索片刻后说出了自己的理解。

"可以这么理解。"祖冲之点了点头，继续说道，"数字宝石是绿色的，在这个正方形里顶着上边画一个正三角形

（也就是三条边长度相同的三角形），顶着下边画一个细长的长方形，正三角形和长方形连在一起就好像一个正方形里有一棵小树。"

"我还以为数字宝石里有数字呢，没想到有棵小树。"麦斯李画完后自言自语起来。

数字宝石

"我们人类使用的数字就是受大自然的启发创造出来的。"祖冲之解答麦斯李的疑惑后继续说道，"时间宝石是紫色的，先画一个正方形，然后在正方形的中间画一个横着穿过它的细长的长方形，接着把这个长方形以正方形最中间的点为中心旋转一个直角的度数，再画出另一个细长的长方形。"

"你是不是要问旋转是什么意思呀？"小八瞥了一眼正要举手的麦斯李，看到麦斯李点了点头，小八解释道，"旋转就是平面图形以一个点为中心，围着这个点转动。"小八一边解释一边演示起来。只见她拿出一张长方形的纸，用铅笔抵住长方形纸内的一个点，然后转动纸张，边转边说："你看，这个长方形纸就是围绕铅笔抵住的这个点在旋转。"

麦斯李点点头。小八继续说道："当然这个点可以在这个图形的里面，也可以在这个图形的外面。比如我在纸上画个三角形，我用铅笔抵住三角形外的一个点，然后转动纸

张,这个三角形就是围着它外面的这个点在旋转。"小八边说边演示。

麦斯李快速画好时间宝石后说:"爷爷,就差逻辑宝石啦!"

"逻辑宝石是红色的,由两个三角形组成,你们先画一个正三角形,然后把这个三角形绕它的中心点旋转180°,再画一个三角形,这就是逻辑宝石。"

时间宝石

麦斯李飞快地画了起来,画完后他说:"我感觉这个三角形好像能够通过对称轴翻一下得到。"麦斯李用手比画了一下,看向祖冲之和小八。

逻辑宝石

"图形的三大基础运动是平移、旋转、翻转。没想到翻转被你发现了。"小八冲麦斯李竖起大拇指。

麦斯李不好意思地挠了挠头,然后严肃地说道:"现在四颗宝石的样子我们都知道了,该出发去寻找它们了。"

"找宝石就靠你们两人了,我的腿脚不方便,树儿还要留在这里拦着π城来的坏蛋。"祖冲之看着麦斯李说道。

"爷爷,我们怎么知道宝石在哪里呢?"小八问道。

"你们在这里等我一下,我去拿个东西。"

第五章

认识钟表

过了一会儿，祖冲之拿着一幅地图走过来，他在桌子上摊开地图后对小八说："你现在闭上眼睛，口念咒语'知识的力量是无穷的'，然后感受一下哪个方向的智慧能量比较浓郁。"

小八照做后指向了自己的右前方。祖冲之在地图上确定了一下小八所指的方向，然后指了指地图上的某个点，说道："看来离我们最近的宝石在苹果瀑布。"

祖冲之又问小八："你刚才感受到的这股能量是什么颜色的？"

"紫色。"小八回忆着。

"那应该是时间宝石。事不宜迟，你俩拿着这个地图去寻找时间宝石吧。"

麦斯李和小八点了点头，踏上了寻找时间宝石的旅途。

他们走了很久,来到山脚下,这里有一栋房子,门口站着一个卷发男人,他双手缠着绷带,捧着一个怀表,嘴里还在喃喃自语:"没了怀表不能看时间,我可怎么做实验呀。"

小八问道:"叔叔,您怎么啦?"

卷发男人循着声音看去,他先是一愣,然后惊喜地说:"小八?我是牛顿叔叔。"

"牛顿叔叔好,不好意思呀,前段时间发生的事情我不记得了。"小八一脸愧疚地说道。

"当时你爸爸让我们把启动四颗宝石的数学知识传递到了你的小脑袋里,真是难为你了。"牛顿一脸心疼地说道。

"牛顿叔叔,您的手上缠着绷带,是受伤了吗?"

"是的。你们能不能帮我修好这块怀表?我做实验需要计时,可是我的手受伤了,没法修表。"牛顿把怀表递给小八。

"当然可以。"小八接过怀表后看向麦斯李说,"来帮忙。"

麦斯李拿过怀表后不好意思地说:"我不会看时间!"

小八说:"我来教你。一天有24小时,一小时有60分钟,一分钟有60秒。你数数表盘上分别有多少个大格和小格。"

不一会儿,麦斯李就数完了:"一共是12个大格,60个小格,每个大格里有5个小格。"

"我们再来看看这三根针,最细、最长的这根针是秒针,它走一小格代表过去了1秒钟。"小八指着秒针说道。

"那它走一圈就是走了60个小格,也就是60秒,也就是1分钟。"还没等小八说完麦斯李便抢着说。

小八指着剩下的两根针说:"除了秒针,还有两根针,根据它们的形状,我们就叫它们高瘦瘦和矮胖胖吧。这个高瘦瘦是分针,它每走一小格就代表过去了1分钟。"

"那它走一圈就是走了60个小格,也就是60分钟,也就是 1 小时。"麦斯李再次抢着说道,"那这个矮胖胖就是时针啦!按照刚才的规律,它走一小格就是 1 小时,走一圈是 60 小时。"

小八白了麦斯李一眼说道:"这个矮胖胖是时针,但是它走一大格才是 1 小时,你想想它一天应该走几圈。"

"两圈。秒针走一小格是 1 秒钟,走一圈就是 1 分钟;分针走一小格是 1 分钟,走一圈就是 1 小时;时针走一大格是 1 小时,走两圈就是 1 天。"麦斯李一边点头一边总结道。

"不错,你现在认识表盘了,那你知道怎么看时间了吗?"小八问完,麦斯李像泄了气的皮球无奈地摇了摇头。

小八指着表盘说道:"你看这个表盘上有 12 条较长的线,把表盘分成了 12 个大格。正中间最上面的这条长线,我们可以把它记成 0,然后它右边的长线是 1,再往右是 2,就这样依次是 3、4、…、12,一直回到正上方的线。"

"那正上方的这条线到底代表 0 还是 12 呀?"麦斯李挠了挠头问道。

"它既代表 0 也代表 12,因为它既是起点,也是终点。只是通常会把它记成 12。"小八解释道,"给这些长线标记数字,主要是为了方便看时针指向几,也就是看几点。"

"时针在 1 和 2 中间的时候,你想想应该是几点?"小

八问道。

"在1和2中间说明时针是在从1到2的路上,但是还没有到2,所以是1点多。"麦斯李思考片刻后答道。

"然后我们看分针,分针从起点开始,也就是正上方的长线,走几小格就是几分钟。"小八把怀表递给麦斯李问道,"你看看现在的时间是多少?"

"分针指向了4,也就是走了4大格,一大格是5小格,也就是5分钟,那么4大格就是20分钟。刚才说时针指向一点多,那么合起来就是1点20分,对不对?"麦斯李期待地看着小八。

"不错!秒针与分针的看法一模一样,比如现在的秒针指向了3。"小八指着秒针说道。

"那就是走了15小格,也就是15秒,现在就是1点20分15秒。"麦斯李快速抢答。

"正确。"小八说道。

"现在离刚才看表已经过去了3分钟,现在是什么时间了呢?"小八继续追问。

"那就是分钟走了3小格,是下午1点23分15秒。"

"那50分钟后呢?"小八追问。

"那就是分针再走50小格,分针已经走了23小格了,再走37小格刚好走一圈，新的一圈要重新开始，还得再走13小格，那就是下午1点13分。不对，不对，分针走了一圈，时针就要走一大格，那应该是下午2点13分。"麦斯李一通分析后给出了答案。

小八冲麦斯李竖起了大拇指并说道："我们开始修表吧。"

麦斯李小心翼翼地拆开怀表，发现里面进了好多水，便问道："牛顿叔叔，怀表是怎么坏的？"

牛顿叹了口气说道："前段时间从苹果瀑布的方向来了一只小怪物，它特别喜欢偷附近村民的表，我家里的表也被它偷得只剩这块了。早上我在做实验，它悄悄溜进我的实验室，趁我不注意抓起怀表就跑，幸好我反应快，抓到了怀表的链条，我们争来抢去，最后怀表掉到了汤锅里。怀表掉进汤锅后小怪物便跑了。我急忙捞怀表，怀表捞出来了，但是我的手也被烫伤了。"

"必须抓到它，把村民的表要回来。"小八气愤地说。

麦斯李把怀表里的零件一个一个地取出来，用纸巾擦干净，然后又装回去，过了一会儿便听到了滴答、滴答的声音，怀表修好啦！它又可以正常工作了。

"牛顿叔叔，我们正好要去苹果瀑布，等我们找到小怪物，就让它把偷的表都还回来，再让它和大家道歉。"麦斯

麦斯李的数学星球历险记

李把修好的怀表递给牛顿时说道。

"我和你们一起去找他吧,这个怀表虽然修好了,但是需要校正一下时间,小怪物身上有一个表,我仔细观察过,那个表上显示的时间十分准确。"牛顿笑着说道。

牛顿跟着麦斯李和小八,一路说说笑笑地向苹果瀑布走去。

第六章

找 规 律

麦斯李他们来到了一片草地上，同时也看到了不远处的苹果瀑布，三人准备休息片刻。这里到处都是苹果树，牛顿靠着苹果树，拿出一本书认真读起来。小八佩服地说道："怪不得牛顿叔叔身上好像有着无穷的智慧能量，原来他时时刻刻都在学习，我们应该向他学习。"

小八话音刚落，只见牛顿靠的那棵苹果树上出现一只小怪物，它摘下一个苹果，朝着树下的牛顿狠狠地砸过去。而牛顿还沉浸在书中的世界，只听"砰"的一声，苹果正好砸中牛顿的头，牛顿被砸昏了。小怪物跳到牛顿身上抢走怀表，迅速往远处跑去。

"快追。"小八一边朝麦斯李喊一边追小怪物，麦斯李紧跟上去。

小怪物跑到瀑布前，只见它朝着瀑布纵身一跃，穿过了

麦斯李的 数学星球历险记

瀑布。麦斯李一看，也要跟着跳过去，但是被小八及时拉住了。小八指着瀑布说："这个瀑布在不断变换颜色。"

"这么神奇！红、黄、蓝、绿、紫、红、黄、蓝、绿、紫、红……"麦斯李边看瀑布边说着它的颜色，"好像一分钟变一个颜色。"

"小怪物刚才在瀑布是紫色的时候跳过去的。"小八认真回忆起来，"时间宝石也是紫色的，我能感受到时间宝石就在这个瀑布后面。"

"可是我们怎么知道紫色什么时候出现呢？"麦斯李一脸着急。

第六章 找规律

"我们把瀑布的颜色记录下来,看看能不能找到颜色变化规律。"小八认真地说道。

只见麦斯李在地上认真地写着:红、黄、蓝、绿、紫、红、黄、蓝、绿、紫、红、黄。"我知道了,小八,你看,'红、黄、蓝、绿、紫'反复出现。"

"是的,颜色的出现是有规律的。"小八也很开心。

"什么是规律呀?"麦斯李突然问小八。

"重复出现的现象就是规律呀,比如瀑布的颜色一直按照'红、黄、蓝、绿、紫'重复变化,这就是瀑布颜色变化的规律。"小八耐心地解释道。

"我明白了,现在瀑布的颜色是绿色,下一次就是紫色了。我们准备跳过去。"麦斯李想明白后拉住了小八的手,瀑布颜色刚变成紫色,他们就跳了过去。

来到瀑布后边,他们被眼前的一幕惊呆了,目之所及是各种各样的表,而且这些表上的时间都一样,所以能听到整齐划一的"滴答"声,时间流逝的感觉在这一刻震慑人心。

"可恶的人类,你们居然能进入时间洞穴。"小怪物突然跳出来,把小八和麦斯李吓了一跳。

"你为什么要偷大家的表?你这样做大家看不了时间,导致生活很不方便。"小八冲小怪物说道。

"哼，看时间？你们人类在乎过时间吗？！有多少人在虚度时间？！有多少小朋友会看表读时间？！"小怪物情绪激动地继续说道，"时间是这天底下最宝贵的东西，你们不珍惜我珍惜，我要拿走所有人的时间。"

"你说的只是一小部分人，大部分人是很珍惜时间的，我们的祖辈说过'一寸光阴一寸金，寸金难买寸光阴'，这就是很好的证明。"麦斯李立马反驳道。

"那我考考你们。"小怪物挑衅道。

"考就考，谁怕谁。"小八立马答应下来。

"你们说一下表盘上都有哪些信息。"小怪物指着一个表问道。

"有时针、分针、秒针。秒针转动一圈是60秒，60秒等于1分钟；分针转动一圈是60分钟，60分钟是1小时；时针转动两圈是24小时，24小时是一天。"麦斯李自信地答道。

麦斯李能如此快速地说出正确答案出乎小怪物的意料，小怪物呆愣片刻后问出了第二个问题："一个星期有多少天？"

麦斯李愣住了，他还真不知道。此时小八自信地回答道："一个星期有七天，分别是星期一、星期二、星期三、星期四、星期五、星期六、星期日，如此循环。"

小怪物气得直跺脚，它正要问第三个问题时，小八忽然开口："你说我们不热爱时间，那么你热爱时间吗？"

"那当然，所有关于时间的问题我都能回答。"

"那我也问你一个关于时间的问题，请你说出星期是几天一个周期。"小八一字一句地说出问题。

"这……"小怪物面红耳赤，这个问题它根本就答不上来。

小怪物尴尬地咳嗽了两声，只见麦斯李戳了一下小八问道："什么是周期呀？"

"拿星期来举例，星期一到星期日一直重复出现，从星期一（几）到下个星期一（几）之间的这段时间就是星期的一个周期，刚好是7天，也就是一周。"小八小声说。

"你现在能不能把偷来的表都还回去？"小八严肃地问小怪物。

"如果你们能通过时间洞穴深处的关卡，我就还回去。"

"好。"小八拉着麦斯李走向了洞穴深处。

只见洞穴深处有个大门，大门旁边有位老者，他嘴里一直说着："我生病了，今天是星期三，我吃了第一服药，10天后我要吃第二服药，10天后是星期几？"

"7天是一个周期，也就是7天后还是星期三，再加3天，就是星期六，爷爷。"麦斯李对老者说。

"你答对了，我帮你们打开第一道大门吧。"只见老者化作光点消失在洞穴里，大门缓缓打开。

他们走了一会儿，前方又出现了一道大门，大门旁有个背着书包的小朋友，他焦急地说道："老师让我从今天开始每4天给她背诵一首诗，一共有5首诗，我分别要星期几去找老师背诵呢？"

"每4天背一首诗，也就是背诗的周期是4天。今天背第一首，背第二首是4天后，背第三首是8天后，背第四首是12天后，背第五首是16天后。"麦斯李快速地计算起来，"第一首是星期三；第二首是星期日；第三首是一周多1天，也就是星期四；第四首是两周少2天，那就是星期一；第五首是两周多2天，也就是星期五。"

麦斯李说完，第二道大门打开了。此时他们感觉背后亮起一道紫光，他们回头一看，只见小怪物飘在空中，它微笑地看着小八和麦斯李说道："我是时间宝石幻化出来的，今天我在你们身上看到了你们对时间的热爱，我愿意跟随你们。"随着光线变暗，时间宝石落在了小八的手上。

"原来小怪物就是时间宝石呀！"小八看着手中的时间宝石惊讶地说道。

他们正准备离开时间洞穴的时候，发现洞穴里的表呼啦啦地全部飞了出去，飞回了自己的"家"。

第七章

分类与整理

麦斯李和小八走出时间洞穴，穿过苹果瀑布，来到之前的草地上。醒来的牛顿叔叔焦急地问："发生了什么？"

"刚才小怪物用苹果砸昏了你，抢走了怀表，我们追上去收服了它，大家的表都飞回各自家里去了。"小八解释道。

牛顿从兜里拿出怀表说："怀表回来了，时间也调整好了，谢谢你们。"

麦斯李和小八跟牛顿告别后，他们翻过一座小山，看到几个孩子正在争吵。

"书本不应该在文具区卖，应该在图书区卖。"

"黄瓜不是水果，应该是蔬菜。"

"我们去帮帮他们吧。"麦斯李和小八走过去。

"小朋友们，你们为什么争吵呀？"麦斯李看着比他还小的四个孩子问道。

麦斯李的 数学星球历险记

"哥哥、姐姐，你们好。我们村里有个老奶奶生病了，奶奶平时对我们特别好，我们想去看看她。我们想买一瓶'活力糖水'送给她，可是钱不够，所以我们就想着先把自己的东西拿出来卖掉再买'活力糖水'。"其中一个小男孩认真地说道，"可是市场被划分成了好几个区域，水果区只能卖水果，蔬菜区只能卖蔬菜。有些东西，我们不知道该拿到哪个区域卖。你们能帮帮我们吗？"

"可以呀，我们需要先把这些东西分类。"小八愉快地答应了下来。

第七章 分类与整理

"什么是分类呀？姐姐。"一个小女孩抬头问小八。

"分类就是把有相同特征的东西归为一类。比如，把所有的铅笔归为一类。"小八说道。

几个小孩听明白后立马行动起来，不一会儿他们就把所有东西都分好类了。

"接下来我们要再细分一下，然后做个表格统计我们具体有多少东西。"小八单手托腮，认真说道。

"小八，我有点儿听不懂。"麦斯李尴尬地说。

"首先我们对每种东西制定一个分类标准，比如这一堆苹果有红色、黄色、绿色的，我们可以按照颜色把苹果分开，然后分别数一数每种颜色的苹果有多少个并记录下来。"小八指着面前的苹果耐心解释。

"我明白了，比如这堆铅笔，有新的，也有旧的，可以按照新旧来分。"麦斯李现学现卖起来。

"这堆铅笔有的有橡皮头，有的没有橡皮头，还可以按照有没有橡皮头来分。"一个小男孩说。

"铅笔还可以按照颜色分。"一个小女孩也插话。

"你们说的都对，分类标准不一样，分的结果肯定就不一样，你们自己商量一个统一的分类标准，然后把这些东西分好吧。"小八及时阻止了即将发生的争吵。

麦斯李的数学星球历险记

小朋友们快速商量好后便热火朝天地动手分起来。很快眼前的东西被细分成了更多堆，还有一份清单，上面记录着：红苹果18个、黄苹果6个、绿苹果4个、新铅笔8支、旧铅笔17支……

"我们把这些东西都分类装好吧。"小八和麦斯李帮助小朋友们把这些分好类的东西装好，然后小八说，"还差最后一步，刚才有个小朋友说市场被划分成了好几个区域，比如水果区只能卖水果，蔬菜区只能卖蔬菜。所以我们要按照市场的区域划分把这些东西拿到对应的区域去卖。"小八耐心地解释道。

"市场上有哪些区域？大家可以一个人负责一个区域。"麦斯李看向小男孩。

"有水果区、蔬菜区、文具区、图书区、肉蛋区……"小男孩一边掰手指一边说。

麦斯李和小朋友们把东西又按照属于哪个区域进行了分类。不一会儿他们便把所有的东西都分好了。

"既然都分好了，就拿去市场上卖吧。"小八开心地说道。

第八章

认识人民币

大家搬着东西来到市场门口,小八开始分配任务:"我这里有些零钱,每人带一些,卖东西的时候会用到。麦斯李去文具区、你去水果区、你去蔬菜区……"很快所有人都领到了任务,各自忙活去了。

麦斯李走到文具区找到一个位置开始售卖:"卖文具喽,有铅笔、橡皮、文具盒,大家快来看一看。"

这时一位叔叔牵着一个小姑娘走到摊前问道:"小朋友,我想买这个文具盒,多少钱一个呀?"

"多少钱?完蛋了,我不知道多少钱呀。"麦斯李忽然想到了古装电视剧里的场景,然后忐忑地说,"二两银子。"

"啊?"叔叔愣了愣,有点儿不相信自己的耳朵,再次确认道,"多少钱?"

"二两银子。"已经说了一遍,这次麦斯李多了些底气。

麦斯李的 数学星球历险记

"小朋友，你是电视剧看多了吧，你家大人呢？"叔叔笑着说，"古代才用银子呢，现在我们都用人民币买东西。"

"人民币是这样的，你见过吗？"叔叔无奈地拿出几张人民币让麦斯李看。

"我见过。"麦斯李回想起来，然后对那位叔叔说，"叔叔，你看着给吧，我也不知道该卖多少钱。"

"行吧，按照行情，差不多是10元。"说完叔叔拿出一张10元人民币递给麦斯李，还不忘教教他，"你看这上面写着10，就代表10元。"

麦斯李谢过叔叔后，想起来小八给了他一些零钱，就把10元钱和其他零钱放在了一起。

过了一会儿，一个小男孩走过来，他也看上了文具盒，便问麦斯李："这个文具盒多少钱？"

有了上次的经验，麦斯李从容不迫地说道："10元。"

"好的，我要了。"说完小男孩拿出20元递给麦斯李。

"收你20元，应该找给你10元。给你两张5元。"麦斯李一边说一边拿出两张写着5的人民币递给小男孩。

"不对，这总共是1元，你别想骗我。"小男孩看了一眼麦斯李手中的人民币冲着麦斯李嚷嚷道。他这一嚷嚷引来很多人围观。

"你看这上面写着5，是5元。两个5元就是10元。"麦斯李看到这么多人围过来也着急了。

"这是两个5角，不是5元。你认不认识人民币呀？"小男孩生气地说。

"啊？5角是什么？我只知道有元，不知道有角。"麦斯李恨不得找个地缝钻进去。

"不要着急，我来给你找钱。"这时候小八和其他几个小朋友跑过来帮麦斯李解围。原来小八和其他小朋友已经把东西卖完了。

处理完这件事后，麦斯李对小八说："小八，刚才太丢人了，你教我认识人民币吧。"

麦斯李的 数学星球历险记

"好的。"小八拿出一些人民币指着上面的字说,"人民币一共有元、角、分三种单位,比如这张人民币上的数字是5,5后面有个'角'字,这就是5角。元、角、分之间的关系是1元等于10角,1角等于10分。如果一支铅笔是5角,那么两支铅笔是多少钱呢?"

"两支就是5+5=10角,10角等于1元。也就是两支铅笔是一元钱。"麦斯李快速反应过来。

"答对啦。那么如果一个橡皮是7角,两个橡皮是多少钱呢?"小八继续问。

"两个橡皮是7+7=14角。14角可以分成10角和4角,10角是1元,合起来就是1元4角。对不对?"麦斯李问道。

"正确。我再考考你,如果一盒铅笔是2元5角,一盒橡皮是2元8角。合起来一共是多少钱?"小八继续问道。

"2元是20角,那么2元5角就是25角,同样的2元8角就是28角。25+28=53角,53里面有5个十和3个一,也就是5元3角。"麦斯李得意地说。

"这样算没错,但有更简单的方法,有一句口诀是'元加元,角加角,对应清楚错不了'。"小八继续说道,"2元+2元=4元;5角+8角=13角,也就是1元3角;4元+1元=5元;合起来就是5元3角啦。"

"我明白了,谢谢小八。"麦斯李继续说道,"接下来就交给我吧,我要把这些东西都卖完。"

这时走过来一位阿姨,她要买一盒铅笔和一盒橡皮。刚好麦斯李算过,直接回答:"阿姨,一共是5元3角。"

"小朋友,你的计算能力很强嘛。"这位阿姨一边夸赞麦斯李,一边掏出10元钱递给麦斯李。麦斯李偷偷看向小八。小八知道麦斯李是不知道要找回多少钱,赶紧过来解围。

"阿姨,一共是5元3角,收您10元,找您4元7角。"说着她就把钱给了阿姨。

等阿姨走后,小八转过身来看着麦斯李说道:"这其实是减法问题,先减小的再减大的,也就是用10元先减去3角,再减去5元,看看还剩多少钱。"

"那就应该从10元里先拿出1元变成10角,10角减去3角还剩7角;10元拿走了1元还剩9元,9元减去5元还剩4元;那么合起来还剩4元7角。"麦斯李掌握方法后很快就算了出来。

得到小八的认可后,麦斯李再次充满信心地卖起了货物。一会儿便卖完了所有东西。他们正准备收摊时,隔壁摊位的老板走过来说道:"小朋友,我的零钱不够用了,你能

麦斯李的数学星球历险记

帮我换些零钱吗？"说完他递给麦斯李50元钱。

"换零钱？"麦斯李看向小八。

小八立马解释道："换零钱就是根据公平的原则，将一张较大数额的钱币换成多张较小数额的钱币。"

"我知道，我知道。"在旁边站了很久的一个小女孩说道，"50元可以换5张10元。"

"还可以换10张5元。"一个小男孩接着说。

"那是不是也可以换50张1元？"麦斯李思考了一会儿说。

"对的。"小八竖起了大拇指。

麦斯李帮老板换完零钱后，说："趁着天还没有黑，我们一起去给老奶奶买'活力糖水'吧。"

第九章

100以内数的认识和加、减法

买完"活力糖水"后,"麦八组合"(麦斯李和小八)与小朋友们告别,朝冲之爷爷家走去。他们回到冲之爷爷家已是深夜,冲之爷爷看到他俩拿回了时间宝石,非常激动。树儿给他们准备了热腾腾的饭菜,他们边吃边聊了起来。

小八吃了口饭问道:"爷爷,我们接下来该去寻找哪颗宝石?"

"先找离我们比较近的那颗吧。不过在此之前,你们得学会使用时间宝石。遇到危险时,你们可以通过时间宝石来获取帮助。"冲之爷爷喝了口水继续说道,"时间宝石用起来很简单,只需要你们把自身的智慧能量注入其中,大喊一声'定',周围区域内你们想定住的东西就会固定不动。固定的范围和固定的时长由你们自身智慧能量的强弱决定。"

麦斯李和小八吃完饭就和冲之爷爷互道晚安回房间休息

了。第二天醒来，他们拿出地图放在桌子上，小八口念咒语"知识的力量是无穷的"，随后她感受到一股绿色能量。

"是数字宝石，我感受到数字宝石就在山脚下的村庄里。"小八话音刚落，房间的门突然被推开了，只见树儿冲进来着急地说道："不好了，山脚下的村庄被怪兽袭击了。"

他们闻言向山脚望去，只见烟尘滚滚，哭喊声隐隐传来。随后他们一起朝村庄奔去。

到了村庄他们发现，在远处的高坡上站着一个小个子驯怪师，他正指挥4头怪兽攻击村庄，他一边指挥一边喊："谁知道数字宝石在哪里？交出数字宝石我就不攻击村庄了。"

"看来是文化大盗的人，他们应该是发现了数字宝石在这里。"冲之爷爷气愤地说。

在村长的指挥下，村民围住了一头怪兽，眼看就要降服怪兽了，只见训怪师拿出一个通体雪白的骰子，往空中一扔，随后大喊："加10。"只见骰子在空中迅速变大，并且多出来10个点。随后怪兽瞬间变大，跳出了村民们的包围圈。

"怪兽怎么会变大？"麦斯李震惊地说。

"看来训怪师是靠骰子控制这四头怪兽的。骰子上点的数量对应怪兽的大小。"祖冲之一眼看出了问题所在。

第九章 100以内数的认识和加、减法

"骰子上现在有多少个点？"麦斯李只能数到19，19后面的数他还不认识。

"我来教你吧。1个十是10，读作'十'；2个十是20，读作'二十'；3个十是30，读作'三十'；4个十……"小八给麦斯李讲起来。

"4个十是40，应该读作'四十'，对不对？"麦斯李看到小八点头后继续说道，"明白了，几个十就读作'几十'，就写个几和一个零就可以了。"

"那2个十和3个一，怎么读呢？"麦斯李问向小八。

麦斯李的数学星球历险记

"2个十是20，再加上3个一就是23，读作'二十三'。"小八继续说道，"有个口诀：几个十几个一，就是几十几。比如2个十3个一，就是23。"

与此同时，那怪兽随着骰子的变化，一会儿大一会儿小，搞得村民们焦头烂额。但也让麦斯李快速地认识了大数。

"3个十8个一，就是38。"麦斯李一边看着不断变化的骰子点数，一边快速地读着，"7个十6个一，现在是76。"

"你快想办法抓住怪兽呀！"树儿看着沉浸在能读出点数的喜悦中的麦斯李焦急地说道。

"对。我们需要观察一下这个训怪师是如何控制骰子点数的。"麦斯李反应过来，不好意思地挠了挠头。

"他是通过加减法控制的。"祖冲之盯着训怪师说道，"他每次喊'加几'的时候骰子点数便相应地增加；他每次喊'减几'的时候骰子点数便相应减少。"

"可是我只会20以内的加减法运算。"麦斯李低声说。

"加减法的原理是一样的。"小八安慰麦斯李，"加法就是把数合起来，个位加个位，十位加十位，满十进一。减法就是把数分开，从个位开始减，不够减就向前位借1个十。和20以内的加减法是一样的。"

这时刚好骰子上有32个点，训怪师喊了一声："加6。"

第九章 • 100以内数的认识和加、减法

麦斯李马上说道:"32+6,个位加个位,2+6=8,还有个30,3个十8个一,答案是38。"

果然骰子上的点数马上增加到了38个。训怪师继续喊道:"加11。"

"38+11,个位加个位,8+1=9,十位加十位,3+1=4,是4个十1个九,答案是49。"麦斯李算得越来越快。

果然骰子上的点数增加到了49个,随后训怪师又喊道:"加25。"

"49+25,个位加个位9+5=14,14里面有1个十和4个一,4留在个位,1要前往十位变成1个十。十位加十位,4+2=6,代表6个十,再加上个位送上来的1个十,一共是7个十,7个十4个一,就是74。"麦斯李再次回答正确。

村民们通过不懈努力,终于用一张大网罩住了怪兽。训怪师看到后心想,只要把怪兽变小,让它们从网孔里跑出来就好了,随后喊道:"减3。"

"74-3,个位减个位,4-3=1,十位还是7,那就是71。"

训怪师一看不够小,继续喊道:"减7"。

"71-7,个位上1-7不够减,需要从十位上借1个十,也就是11-7=4,十位借走1个十,还剩下6个十,那就是

64。"麦斯李得意地看向小八。

怪兽还是不够小，训怪师又喊："减36。"

"64-36，个位4-6不够减，从十位借了1个十，就是14-6=8，十位借走1个十还剩5个十，十位减十位，5-3=2，十位还剩2个十，答案是28。"麦斯李又答对了。

这时麦斯李看到怪兽还没钻出网洞，猜测训怪师还会让怪兽变小，便从旁边捡了一个铁桶。果然训怪师又喊道："减25。"只见被网住的怪兽都变得只有老鼠那么大，钻出网洞准备逃跑。说时迟那时快，麦斯李一个飞跃把怪兽都扣在了铁桶里面。

铁桶断绝了骰子和怪兽的联系，天空中的骰子变回了原来的大小并从天上掉落下来，恰好掉到小八面前，小八迅速捡起骰子。训怪师看骰子和怪兽都没了，灰溜溜地逃走了。

第十章

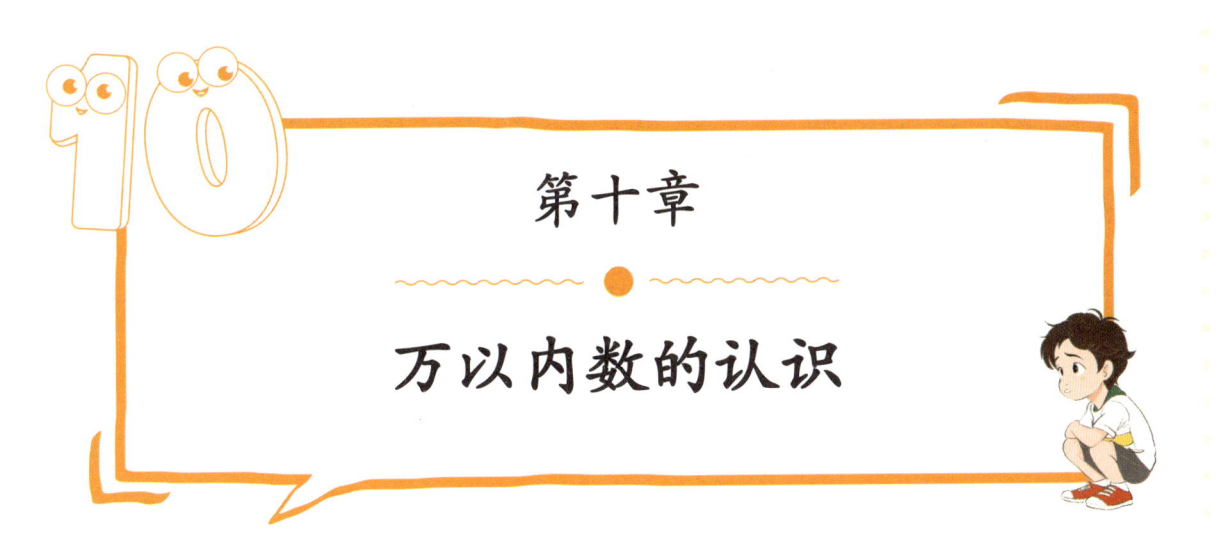

万以内数的认识

训怪师逃走了,四只怪兽也被抓住了。可是看着一片狼藉的村庄、受伤的村民,大家心里都十分难过。麦斯李特别想帮大家做点什么,但是又不知道自己能做什么。

这时村长走过来,向冲之爷爷、麦斯李和小八说道:"我代表村民们感谢你们,等村子重建好了,邀请你们来和我们一起庆祝。"

"您别客气,重建村子会很辛苦的。"冲之爷爷拍拍村长的肩膀说道。

"村长爷爷,看着村子这样我好难受,我能帮大家做些什么吗?"麦斯李真诚地问道。

"现在确实有个难题需要有人解决。村庄重建需要大量的建筑材料,需要有人统计。"村长看着麦斯李说道。

"这件事就交给我们吧。"麦斯李接下了任务。

麦斯李的数学星球历险记

"我今天得安顿一下受伤的村民，收拾一下残局。你们好好休息，明天再统计吧。"村长说完就去张罗其他事情了。

休息一夜后，大家开始商量如何统计建筑材料的数量。

"你们先挨家挨户地统计修缮房屋所需要的建筑材料数量，然后汇总到一起，再集中购买就可以了。"冲之爷爷帮助他们厘清思路。

随后麦斯李和小八下山去村庄统计了。

他们来到第一户人家，说明来意后，村民在他们带来的纸上写了：圆木8根、石板68块、夯土315立方米、沙子2153斤、砖块13564块。麦斯李看着村民写的内容，面露难色。

第十章 万以内数的认识

"小八,这个8和68我认识,可是这个、这个,还有这个,这三个数怎么读呀?"麦斯李指着纸上的315、2153和13564问道。

"要认识这些大数,得从数位开始说起。"小八蹲在地上拿着一根树枝一边写一边继续说,"在自然数里,最低的数位是个位,个位上的数是几就代表几个一,比如圆木需要8根,8就在个位,代表8个一。随着个位上的数不断增加,当增加到10的时候,就需要进位了。比个位高一级的数位是十位,十位上的数是几就代表几个十,比如石板需要68块,个位和十位上分别是什么数字呢?"

"8在个位,代表8个一;6在十位,代表6个十,也就是60,合起来就是68,读作六十八。"麦斯李回答道。

"因为数字从0到9一共就10个,想用这10个数字表示无穷多的数,就需要通过进位反复使用它们。满十进一,就用到了'十进位制'。"小八继续说,"你想想十位上的数如果满十了怎么办?"

"那肯定也是满十进一,进到更高的数位上。"麦斯李不假思索地回答。

"对的,比十位高一级的数位是百位,百位上的数是几就代表几个百。比百位高一级的数位是千位,比千位高一级的数位是万位。"小八对麦斯李的答案表示了肯定。

"我总结一下，数位从低到高是个位、十位、百位、千位、万位；个位是几就代表几个一，十位是几就代表几个十，百位是几就代表几个百，千位是几就代表几个千，万位是几就代表几个万。"麦斯李看着小八写的数位顺序表总结出来。

数位顺序表

数级	...	亿级				万级				个级			
数位	...	千亿位	百亿位	十亿位	亿位	千万位	百万位	十万位	万位	千位	百位	十位	个位
计数单位	...	千亿	百亿	十亿	亿	千万	百万	十万	万	千	百	十	个

"总结得特别到位。"小八继续说道，"这些数读起来也很简单，从高位往低位读，先读数字再读数位，个位上的'个'省略不读。比如沙子2153斤，2在千位读作两千，1在百位读作一百，5在十位读作五十，3在个位读作三，合起来就是两千一百五十三。"

"我明白了，夯土315立方米，3在百位读作三百，1在十位读作一十，5在个位读作五，合起来就是三百一十五。"麦斯李紧接着说，"砖块13564块，1在万位读作一万，3在千位读作三千，5在百位读作五百，6在十位读作六十，4

在个位读作四，合起来就是一万三千五百六十四。"

"完全正确，还有最后一点，如果读数的过程中，中间出现了零，就只读零不读数位，出现连续的零只读一个零就可以。数末尾的零省略不读。比如30405，读作三万零四百零五；40057读作四万零五十七；89000读作八万九千。"小八继续讲解道。

"我明白了！"麦斯李点着头对小八说。

"既然你已经认识这些大数了，咱们接着去下一家吧。"小八一边说一边朝下一家走去。

下一家是村长家，村长微笑着说："你们俩辛苦了！我家重建需要圆木2根、石板10块、沙子2453立方米、夯土123斤、砖块11125块。"

麦斯李记录完，转身正要走时，村长继续说道："村里的祠堂也需要修缮。在我刚才报的数上，圆木再加16根，石板再加32块，沙子再加2480立方米，夯土再加256斤，砖块再加31415块。"

看着陷入沉思的麦斯李，小八问道："你是不是不会这些大数的加法呀？"

"加法原理是相通的，我想想。"麦斯李想了一会儿后说道，"我知道了，比如计算夯土数量是123+256，个位加个位

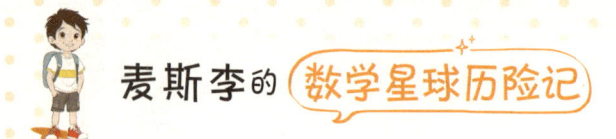

3+6=9，然后十位加十位 2+5=7，百位加百位 1+2=3，合起来就是 379。"

"你都会举一反三了。"小八夸奖道，"那沙子呢？"

"2453+2480，个位是 3+0=3，十位是 5+8=13，满十进一剩 3，百位是 4+4=8，再加上十位进的 1 是 9，千位是 2+2=4，合起来就是 4933。"麦斯李掌握方法后算得很快，不一会儿他又算出来需要 11125+31415=42540 块砖。

"我想起来之前修建祠堂的时候还剩下 16789 块砖，你们可以少采购一些砖。"村长说完就去旁边忙活了。

"42540-16789，你会算吗？"小八戏谑地问麦斯李。

"减法原理也是相通的，当然会啦！先从个位减起，0-9 减不了，从十位借 1 个十，10-9=1；十位的 4 被借走了 1，还剩 3，3 减 8 减不了，从百位借 1 个百，也就是 10 个 10，加上十位还剩的 3 个十，那就是 13 个十，减去 8 个十，13-8=5；百位的 5 被借走了 1，还剩 4，4 减 7 需要从千位借 1 个千，14-7=7；千位的 2 被借走 1 还剩 1，1 减 6 需要从万位借 1 个万，11-6=5；万位被借走 1 还剩 3，3-1=2。所以最后的答案是 25751。"麦斯李得意地说道。

小八一边鼓掌一边说道："既然你学会大数的计算了，那咱们分开统计吧，这样会快一些。"说完两人继续统计去了。

第十一章

表内乘法

花了几天时间,"麦八组合"终于把大家所需的建筑材料数量统计出来了。

"我们现在只要算出每种材料所需要的总数,就可以去采购啦!"小八拿着一沓厚厚的纸说道。

"可是这个村庄有几百户村民,也就是说计算每种材料的总数就要把几百个数相加,这得算到什么时候呀?"麦斯李望着一沓厚厚的纸感到绝望。

"就没有比较简单的方法吗?"旁边的树儿问道。

"你们可以先观察一下统计的数据,看看有没有什么发现。"冲之爷爷笑着提醒他们。

他们三个愁眉苦脸地看着一张一张的数据,这时有人敲门,冲之爷爷打开门,只见一个中年男性走了进来。

"我见过你。"小八抬起头来看了一眼,想到自己曾去他

麦斯李的 数学星球历险记

家统计过所需材料数量。

"是的,我叫奥特雷。村子里现在忙得差不多了,村长知道你们准备去采购材料,让我过来帮忙。"奥特雷微笑着说。

"我发现了,好多户村民所需的材料数量是一样的。"正在观察数据的麦斯李没注意奥特雷的到来,他大喊一声,吓了大家一跳。

麦斯李抬起头来才发现多了一个人,他不好意思地笑了笑,然后拿起几张纸给大家看,同时说道:"你们看,很多村民所需要的建筑材料的数量一样。"

"因为很多村民的房子建得差不多,所以修缮所需要的材料数量一样也不奇怪。"奥特雷微笑着解释道。

"原来如此,可是发现了这个对于我们计算所需材料的总数有什么帮助呢?"麦斯李转头看向冲之爷爷,"比如我手里现在有8户人家都需要2根圆木,除了用2+2+2+2+2+2+2+2算出所需圆木总数,还有其他方法吗?"

"可以不用加法计算哦!"还没等冲之爷爷说话,奥特雷先开口了,只见他走到桌前拿起笔在一张白纸上画了一个"×",然后递给麦斯李,"可以用乘法来计算哦,这个是乘号。"

"乘号?"麦斯李接过纸,一脸迷惑地看向小八。

第十一章 表内乘法

"对哦,我想起来了,可以用乘法计算。"小八拍了一下自己的脑门,然后给麦斯李解释道,"这个符号叫乘号,是乘法运算使用的符号。比如你刚刚说的8个2相加,就可以用'8×2'来表示,乘法表示几个相同的数相加。"

"那4+4+4+4+4是5个4相加,就可以用5×4表示?"麦斯李试着理解乘法。

"嗯嗯,是这个意思。"小八点了点头。

"那乘法就是表示几个几相加的意思呗。8个7相加,就是8×7,56个34相加就是56×34。"麦斯李彻底明白了乘法的含义。

"对的。"小八再次点了点头。

麦斯李眉头一皱忽然问道:"可是怎么计算呢?"

"需要你记住乘法口诀表。"小八回答道。

"乘法口诀表是什么?"麦斯李听到了一个新名词。

"记住乘法口诀表是进行乘法运算的基础,乘法口诀表是把10以内所有整数之间相乘的结果编成了口诀。所有的乘法运算都是在这个基础上进行的。"奥特雷拿出一张纸继续说道,"刚好我这里有一张乘法口诀表,你可以看看。"

麦斯李接过乘法口诀表一边看一边读:"一乘一等于一,一乘二等于二,一乘三……"

麦斯李的数学星球历险记

"应该读作一一得一，一二得二，一三得三。读的时候'乘'字省略，等于读作'得'，如果结果是两位数'得'字也直接省掉。"小八听着麦斯李读得太别扭了，立马纠正道。

麦斯李认真读起来："咦，我发现一不管乘几都等于几。"

"对呀，你想想为什么呢？"小八卖了个关子。

"因为一乘几就是一个几相加，结果就是几呀。"麦斯李立马答了上来。

"可以呀，反应挺快的。"小八夸赞道。

乘法口诀表

1×1=1 一一得一								
1×2=2 一二得二	2×2=4 二二得四							
1×3=3 一三得三	2×3=6 二三得六	3×3=9 三三得九						
1×4=4 一四得四	2×4=8 二四得八	3×4=12 三四十二	4×4=16 四四十六					
1×5=5 一五得五	2×5=10 二五一十	3×5=15 三五十五	4×5=20 四五二十	5×5=25 五五二十五				
1×6=6 一六得六	2×6=12 二六十二	3×6=18 三六十八	4×6=24 四六二十四	5×6=30 五六三十	6×6=36 六六三十六			
1×7=7 一七得七	2×7=14 二七十四	3×7=21 三七二十一	4×7=28 四七二十八	5×7=35 五七三十五	6×7=42 六七四十二	7×7=49 七七四十九		
1×8=8 一八得八	2×8=16 二八十六	3×8=24 三八二十四	4×8=32 四八三十二	5×8=40 五八四十	6×8=48 六八四十八	7×8=56 七八五十六	8×8=64 八八六十四	
1×9=9 一九得九	2×9=18 二九十八	3×9=27 三九二十七	4×9=36 四九三十六	5×9=45 五九四十五	6×9=54 六九五十四	7×9=63 七九六十三	8×9=72 八九七十二	9×9=81 九九八十一

第十一章　表内乘法

"二二得四，二三得六……二八十六，二九十八。"麦斯李又开始读 2 那一列乘法口诀了，读完之后麦斯李说道，"2 这一列也有规律可循，答案的个位只有 0、2、4、6、8。这是不是就是我们平时说的双数？"

"是的呢，乘法口诀表每一列的结果都有规律可循，比如你看看 5 那一列。"小八提示道。

"答案的个位只有 0、5。"麦斯李很快发现了规律。

小八听麦斯李说完，忽然想起来还有些知识没告诉麦斯李，赶紧补充道："对的，两个数相乘的结果叫作积，相乘的两个数叫作乘数。"

"你看看还能发现什么规律？"奥特雷问道。

"乘法口诀表中的 3 这一列所有积的个位上的数都不一样，我还发现每个积把自己所有数位上的数字加起来，结果只有三种情况：3、6、9。"麦斯李惊讶地说着他发现的规律并看向奥特雷。

"不错，还有吗？"奥特雷满意地点了点头。

"1 这一列从 1 乘 1 开始，2 这一列从 2 乘 2 开始，3 这一列直接从 3 乘 3 开始，那 3 乘 2 在哪里呢？"麦斯李问道。

"3 乘 2 和 2 乘 3 是一样的哦。"小八解释道。

"3 乘 2 是 3 个 2 相加，等于 6，2 乘 3 是 2 个 3 相加，

也等于6。"麦斯李一边算一边说道,"可是结果相同并不能证明它们是一样的呀。"

"如果用小石子表示3乘2,你会怎么表示?"奥特雷指着院中的小石子问道。

"3乘2是3个2相加,那就是每行摆上2个小石子,一共摆3行。"麦斯李一边说一边拿了几个小石子摆了起来。

"你现在换个方向看看。"奥特雷说道。

"刚才看是3行,每行2个,现在从这个方向看是2行,每行3个,也就是2个3。"麦斯李恍然大悟,他看向奥特雷说道,"我明白了,叔叔。2×3既可以表示2个3相加,也可以表示3个2相加,并且两个数相乘,互换位置后结果不变。"

"嗯嗯,不错,所以你看乘法口诀表里9这一列只有"九九八十一"这一个乘法口诀,那是因为九乘其他数前面几列中都有了。你可以观察一下,九乘其他数都在哪里。"奥特雷说道。

"都在最后一行。"麦斯李一下就看出来了,然后说道,"乘法口诀表中九乘任何数的积各数位上的数字加起来都是9,并且十位上的数字依次加一,个位上的数字依次减一。"

"你的观察能力很强,乘法口诀表中的奥秘非常多,你继续观察还能发现更多。"奥特雷微笑着说道。

麦斯李点了点头,继续认真观察乘法口诀表,希望能从中找到更多秘密。他刚才感觉,每当他在乘法口诀表中发现一个秘密,体内就会产生一股新的智慧能量。

第十二章

表内除法

"麦八组合"利用乘法很快就算好了所需的材料数量，并和村民在建筑材料市场买齐了所需的材料，他们还采购了一批日用品，准备回去分给村民。

第二天一早，村长安排了几个村民去分发建筑材料。至于买回来的日用品，村长给了麦斯李一张清单，希望他们能帮忙平均分到有需要的村民家，麦斯李欣然答应了。

"那我们开始吧，村长的单子上写着，一共有56罐奶粉，要平均分给村里的婴儿。"麦斯李认真地读着。

"村里一共有8个婴儿。"树儿很熟悉村里的情况。

"平均分就是每人分到的一样多。"小八看到麦斯李疑惑的表情，解释道。

"我有个办法，在地上画8个圈，代表8个婴儿，然后一罐一罐地分。"麦斯李一边说一边行动起来，"你一罐呀他

第十二章 • 表内除法

一罐,一罐一罐平均分。"

过了好一会儿,麦斯李终于分完了,他看着地上的8堆奶粉说道:"每个婴儿可以分到7罐奶粉。"

"咱们继续吧,我看接下来写的是一共买了480个盆,平均分给每户村民。"小八拿着清单边看边读。

"这个村庄一共有120户村民,难道我们要画120个圈,一个盆一个盆地分?"树儿为难地看向麦斯李。

麦斯李挠了挠头说道:"这要分到什么时候呀?!"

"小朋友们,需要我帮忙吗?"一个叔叔走过来说道,"我叫华罗庚,我观察你们很久了,从村庄遇袭到现在,你们帮了村民很多忙,都是好孩子。"

"华叔叔,我们确实遇到了难题。"麦斯李看着这位和蔼可亲的叔叔,把自己遇到的难题说了出来。

• 071

麦斯李的 数学星球历险记

"平均分配的问题,用数学知识可以轻松解决!你们想一想,如果把6个包子平均分给3个人,每人能分到几个包子呢?"华罗庚微笑着问道。

"每人能分到2个包子。"麦斯李快速答道。

"对,把一堆东西平均分可以用除法来计算,就像刚才举的例子,可以写成6÷3=2,读作'六除以三等于二',其中6代表一共有6个包子,'÷'代表平均分,3代表分给3个人,2代表每人分到2个包子。"华罗庚一边在地上写着算式一边解释着,"除法是除了加法、减法、乘法之外的另一个基本运算,'÷'就是除号。"

"明白了,比如刚才的56罐奶粉平均分给8个婴儿,那就是56÷8=7,每人7罐。"麦斯李接着问道,"华叔叔,我会列算式了,可是怎么算呢?比如56÷8,我知道答案是7,像480÷120怎么算呢?"

"你看看你分好的奶粉。"华罗庚指着地上的奶粉说道,"你把奶粉分

第十二章 表内除法

成了8堆，每堆7罐，那就是8个7呀，那么8个7是多少呢？"

"8个7是8×7=56。"麦斯李快速回答道，刚说完，麦斯李便反应了过来，"我明白了，除法运算是把乘法运算反过来，乘法是几个几的和，除法就是看总数里有几个几。"

"总结得非常到位。"华罗庚笑道。

"那么480÷120，其实就是看480里有几个120，4个120相加刚好是480，所以480÷120=4。"麦斯李思索片刻后说出了答案。

"像这样刚好能够平均分配完的除法叫整除，即一个数除以另一个数等于整数的话，就说一个数能被另一个数整除。"华罗庚继续说。

"这一个数、另一个数，说得太绕了，它们应该也有专业的名字吧。"麦斯李疑惑地问道。

"除号前面的数叫被除数，除号后面的数叫除数，答案叫商。"许久未开口的小八说道，"被除数除以除数等于商，当商是整数的时候就说被除数能被除数整除。"

"明白了，我们继续分配吧。"

"一共买了123把剪刀，平均分给每户村民，一共有120户村民，那就是123÷120，不对呀。"麦斯李发现了不

麦斯李的 数学星球历险记

对劲儿，他看向华罗庚说道，"叔叔，123÷120怎么算？123里有1个120，还多出来3。"

"你说对了，123里有1个120余出来3，就写成123÷120=1……3，读作一百二十三除以一百二十商一余三，意思是把123把剪刀平均分给120户村民，每户分到1把剪刀，还余下3把。"华罗庚继续解释道，"余下的3就叫作余数。"

"原来如此，把余下的统一交给村长就行。"麦斯李听明白后继续读起了清单，"一共买了38瓶营养液，平均分给村里100岁以上的老人。"

"村里一共有6位100岁以上的老人。"树儿说道。

"那就是38÷6=5……8，每位老人分5瓶，还剩8瓶。"麦斯李快速计算出来。

"不对，剩下的8瓶还能再给每位老人分1瓶呢。平均分给每位老人要看每人最多能分得几瓶，剩下的才是余数。"小八解释道。

"那就是38÷6=6……2。也就是说余数一定要比除数小，如果余数等于或大于除数，就还可以再平均分配一次。"麦斯李很快理解了。

华罗庚点了点头说道："我一直在寻找能够拯救这个星

第十二章 表内除法

球的人，我决定对你们进行一次考验，如果你们能通过，我就把数字宝石交给你们。"

"数字宝石居然在您手里！"小八兴奋不已。

华罗庚点了点头说出了题目："今有物不知其数，三三数之剩二，五五数之剩三，七七数之剩二，问物几何。"

"这是什么意思呀？"麦斯李没听明白。

"有样东西，三个、三个地数多出来两个，五个五个地数多出来三个，七个、七个地数多出来两个，问这样东西的数量是多少。"小八耐心解释道。

"如果总数减少2个的话刚好能够被3和7整除，那么这个数减2一定是3和7的倍数，3和7最小的倍数是 $3×7=21$，也就是这个数是21的倍数加2。"麦斯李分析着。

"不错，并且这个数减3是5的倍数，5的倍数的个位要么是0，要么是5。也就是说这个数的个位只能是 $0+3=3$ 或者 $5+3=8$。"小八顺着麦斯李的思路继续分析。

"那 $21+2=23$，个位正好是3呀。"麦斯李激动地说道。

"答案有好多个呢，因为个位只能是3或者8，刚才说了这个数减2是21的倍数，也就是说只要21的倍数的个位是 $3-2=1$ 或者 $8-2=6$ 都可以。那么21只要乘个位是1或者6的数，最后的结果加上2得出的答案都满足这个题目要求。"小八很敏锐地意识到答案可能不唯一,于是继续分析了下去。

麦斯李听完小八的分析十分赞同,随后他和华罗庚说道:"华叔叔,现在您可以把数字宝石给我们了吧。"

"当然可以。"华罗庚把数字宝石交给了麦斯李。

拿到数字宝石后,他们更加卖力地忙活起来。

第十三章

观察物体

大家帮村民分配好东西后开开心心地去找冲之爷爷分享喜悦，冲之爷爷给他们做了一大桌好吃的。美餐一顿后他们便开始讨论接下来的计划。

"冲之爷爷，时间宝石有暂停时间的作用，那数字宝石有什么作用呢？"麦斯李问道。

"当你们遇到问题时，数字宝石可以帮助你们看到问题的本质。"冲之爷爷缓慢地说道，"用法和时间宝石一样，往宝石中注入智慧能量就可以。"

"接下来让我感受一下下一个宝石在哪里吧。"小八将地图拿出来放在桌子上并念完咒语后，感受到一股蓝色的能量从遥远的地方飘过来。

"蓝色的能量，是空间宝石，在那个方向。"小八指着蓝色能量飘来的方向。

"怎么会在这里。"祖冲之看着地图皱起了眉头,"这个地方太危险了。"

"爷爷,这是什么地方?"麦斯李问道。

"是魔鬼岛,传说中有去无回的地方。魔鬼岛十分神秘,每个人看到的魔鬼岛的样子都不一样,岛上有各种各样的危险,而且危险还不容易提前发现。"祖冲之看着麦斯李凝重地说道,"去之前我得给你们做一些特训,这样胜算会大一些。"冲之爷爷说道。

麦斯李和小八坚定地点了点头。冲之爷爷坐下来一脸严肃地说道:"接下来我要教你们从不同的角度观察物体,来提高你们的观察能力、空间想象能力、动手能力和逆向思维能力,以应对魔鬼岛的挑战。你们听过'横看成岭侧成峰,远近高低各不同'吗?"

"我知道,是宋代文学家苏轼写的《题西林壁》中的诗句,描述了从正面、侧面、远处、近处、高处、低处看庐山,庐山呈现出不同的样子,同时也告诉我们,从一个角度看物体不能看出物体的完整结构。"小八快速说。

"不错,魔鬼岛的可怕之处就是只从一个角度看物体无法知道物体的全貌,危险就容易隐藏起来。"冲之爷爷随即说道,"接下来我教你们看'三视图'。"

第十三章 观察物体

"三视图是什么？"麦斯李弱弱地问道。

"是观察者从正面、左面、上面三个不同角度观察同一个物体画出的图形组合。从这三个角度对同一物体进行观察，便能了解物体的整体结构。"小八解释道。

"我们现在开始吧，首先立着的圆柱从上面看是什么形状？"冲之爷爷问道。

"圆形。"麦斯李快速回答道。

"那从正面看呢？"冲之爷爷追问。

"应该也是圆形吧。"麦斯李有点儿犹豫。

圆柱

"我这个杯子就是圆柱形的，你现在从正面看看。"冲之爷爷拿出他的杯子放在桌子上。

"是长方形。"麦斯李认真看过后回答，"我以前真没有想过圆柱居然和长方形还有联系。"

"如果从左面看是什么形状？"冲之爷爷继续问道。

"是长方形，和从正面看到的是一样的。"麦斯李思索片刻后坚定地回答。

"是的，然后你可以把它们都画下来。从正面看到的图形叫主视图，从左边看到的图形叫左视图，从上面看到的图形叫俯视图，它们合起来就是圆柱体的三视图啦。"小八看到麦斯李答对也十分开心。

麦斯李的 数学星球历险记

麦斯李拿着纸和笔认真地画了起来，画出的三视图也得到了冲之爷爷的肯定。此时麦斯李开始得意起来："画三视图也不过如此嘛，我感觉我现在就可以去魔鬼岛了。"

"你只要能通过接下来的考验，我就让你去。"冲之爷爷看着骄傲的麦斯李，准备给他泼泼冷水，"就先考个简单的吧，画出正圆锥体的三视图。"

"这还不简单，主视图和左视图是三角形，俯视图是圆形。"麦斯李思考片刻后边说边画了出来。

"你确定？"冲之爷爷问道。

"确定，绝对错不了。"麦斯李拍着胸脯保证。

"你再仔细看一看。"冲之爷爷拿来一个正圆锥体。

"我知道了,俯视图圆形的正中间应该还有一个点。"小八率先发现问题。麦斯李则羞愧地低下了头。

"你现在还觉得画三视图简单吗?"冲之爷爷看着麦斯李问道。

"爷爷,我错了,接下来我和您好好学习画三视图。"麦斯李诚恳地说道。

"知错能改就是好孩子。"冲之爷爷露出了笑容。

"麦八组合"在冲之爷爷的带领下开始了为期一周的特训。

第十四章

长度单位

一周的特训终于结束了,麦斯李和小八舒舒服服地睡了一觉,他们准备第二天前往魔鬼岛。

"咱们去魔鬼岛需要多久呀?我得看看我们需要准备多少食物。"麦斯李一边收拾一边问道。

"你先在地图上测量一下距离,再估算我们需要走多久。"小八一边收拾衣服一边说道。

麦斯李听后拿出地图,把左手食指放到他们现在所在的地方,右手食指放到魔鬼岛所在的地方,然后把两只手举起来冲小八比画:"这么长。"

小八看着麦斯李举在空中的双手无奈地说:"你要用尺子量一下长度。"

"长度?"麦斯李疑惑地看着小八。

"麦斯李应该还没有学习过长度和长度单位。"冲之爷爷

第十四章 长度单位

刚好走进来，听到了他们的对话。

"长度就是一个点到另一个点的距离，长度单位是人们为了规范长度而制定的基本单位。举个例子，我这里有一根葱，我们规定这根葱的长度是1葱，现在你用这根葱量一量这个桌子有多高。"冲之爷爷顺手拿起一根大葱递给麦斯李。

"这个桌子的高度刚好是3根葱的长度，所以它的高度是3葱。"麦斯李答道。

"回答正确，你现在明白长度单位是什么意思了吧？"冲之爷爷看着麦斯李点点头继续说道，"同一样东西的长度，不同的人表达出来可能不一样，这样不利于交流和理解，就像一根甘蔗，大象说和它的身高一样长，小狗说和它们全家的身高加起来一样长，蚂蚁说和它们全村蚂蚁的身高加起来一样长。所以才需要有长度单位，用来给长度定一个统一的标准。"

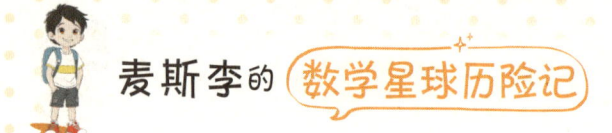

"所以长度单位是一根大葱的长度吗?"麦斯李觉得好玩又好笑,忍不住问道。

"当然不是,你想想每根大葱的长度都一样吗?大葱放的时间长了它的长度会不会变呢?"祖冲之问麦斯李。

"的确,每根大葱的长度不一样,大葱放的时间长了也会变短。"麦斯李思考片刻后继续说道,"也就是说,长度单位要固定不变。"

"是的,长度单位不光要有你说的稳定性,还要有普遍性的特点。也就是说长度单位要方便世界各地的人使用。"冲之爷爷说道。

"我们现在常用的长度单位有米、分米、厘米、毫米等。1米等于10分米,1分米等于10厘米,1厘米等于10毫米。我这里刚好有把直尺,你们看看。"冲之爷爷继续说。

"这把直尺上有好多小线段。"麦斯李看着直尺说道。

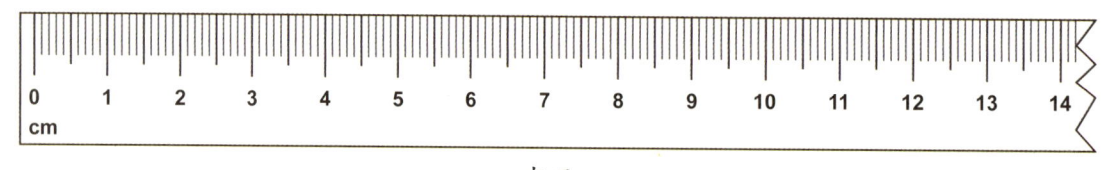

直尺

"这些叫作刻度线。一小格代表1毫米,10个小格就是一大格,代表1厘米。直尺上除了刻度线还有数字和单位。

第十四章 长度单位

'cm'是厘米的单位符号,我们测量长度的时候从0刻度线开始。"冲之爷爷的话还没说完,麦斯李便抢着说:"我知道了,把1分米平均分成10份,其中一份就是1厘米,把1厘米平均分成10份,其中一份就是1毫米。"

"那你知道1米等于多少厘米吗?"小八给麦斯李出了个难题。

"1米里有10个1分米,1分米里有10个1厘米,那10个1分米里就有10个10厘米,就是100厘米,也就是说1米等于100厘米。"麦斯李得意地说出了答案。

"现在你肯定会用尺子测量了。"冲之爷爷笑着说道。

麦斯李拿起直尺开始测量:"我们这里到魔鬼岛的距离比1米多13厘米再多2毫米。"

"那是多少毫米呢?"小八调皮地问。

"1厘米是10毫米,13厘米就是130毫米;1米是100厘米,那么变成毫米就是1000毫米,合起来就是1132毫米。"麦斯李得意地说。

"一个以毫米为单位的数,个位上的数肯定是毫米数;1厘米等于10毫米,那么十位上的数就是厘米数;1分米等于100毫米,那么百位上的数就是分米数;1米等于1000毫米,那么千位上的数就是米数。"小八总结道。

"你们说的很好。"冲之爷爷及时打断了他们两个,继续说道,"按照地图上的比例尺计算,魔鬼岛距离我们的实际距离是 11320 米。你们得走三四天才能到,你们快去准备食物吧。"

麦斯李和小八各自去收拾行李了,他们收拾好行李便开始了寻找空间宝石的旅途。

第十五章

克与千克

麦斯李和小八在第四天中午终于到达了魔鬼岛。岛上有各种各样的立体图形，有的在地上来回移动，有的在天上飞舞，在地上移动的立体图形一旦碰到一起就会发生剧烈的爆炸，在天上飞舞的一旦掉下来就能把地面砸出大坑。他们利用冲之爷爷教给他们的技能还发现了很多隐藏的陷阱。

"这……也太危险了吧。"麦斯李和小八对视了一眼，谁也不敢往前走。

"冲之爷爷只教会了我们如何发现危险，可没教我们怎么躲避危险呀，魔鬼岛太可怕了。"小八的心情十分低落。

就这样等到了晚上，麦斯李突然想到了数字宝石的作用。

"你是说可以利用数字宝石看看魔鬼岛的问题到底出在哪里？"小八立马会意，掏出数字宝石，并将自己的智慧能量注入其中，然后对着魔鬼岛大喊一声"破"。只见数字宝石爆发出一股绿色能量，在他们面前开辟出一条通道，通道上的危险全部消失了，通道的尽头还闪烁着蓝色的光芒。

"原来这些危险是空间宝石幻化出来的，你快顺着这个通道跑过去抢夺空间宝石。数字宝石消耗的智慧能量太大了，我只能坚持5分钟。"小八快速说道。

麦斯李毫不迟疑，飞奔而去，最终在小八能量耗尽前拿到了空间宝石。在他拿到空间宝石的一瞬间，岛上的所有危险全部消失了。

"我们拿到了空间宝石？太容易了吧！"麦斯李不可置信地说道。

"幸亏我们有数字宝石。"耗尽力气的小八坐在地上说道。

麦斯李又饶有兴趣地问道："小八，你说这空间宝石有什么神奇的作用呢？"

"我现在没有智慧能量了，你试试？"小八也来了兴趣。

"好，你抓住我，万一有危险我还能保护你。"麦斯李说完，便把自己的智慧能量注入其中，同时他脑海中轮流浮现出一个个地方，包括他们上岛前路过的一个小镇，他对这里印象深刻。随后他不由自主地大喊了一声"到"，他们瞬间移动到了那个小镇。

"原来空间宝石可以带我们到任何我们想去的地方。"麦

第十五章 克与千克

斯李对还没有缓过神来的小八说道。

"那我们是不是马上可以回家了？"小八问道。

"我的智慧能量也用光了，我们先找个地方休息一下，补充能量吧。"麦斯李无奈地摊了摊手。

这时，之前和他们一起玩过的两个小朋友跑了过来，叫马宸的男孩邀请他们去自己家吃晚饭，他们还没同意，只听见"哎哟"一声，原来是一位老爷爷摔倒在了路边。他们赶紧跑过去扶起老爷爷，并把他送回了家中。老爷爷为了表示感谢，热情地邀请他们共进晚餐。老爷爷在厨房忙活了一阵，做了一桌丰盛的晚餐。

麦斯李和小八在讨论接下来的计划，叫佟小惠的女孩也不是很饿，所以也没着急动筷子，只有马宸狼吞虎咽地吃起来，马宸吃到一半的时候突然变成了一头猪。

马宸看着大家惊恐的眼神，想问他们自己怎么了，但是他开口只能发出"哼哼"的猪叫声。他扭头看向旁边的镜子，惊讶地发现自己变成了一头猪。

惊恐、羞愧、屈辱、害怕瞬间涌上心头，马宸流着眼泪跑了出去。麦斯李他们反应过来，赶紧追上去，而此时马宸已经被一个村民抓住了。

"叔叔，你快放了他，这头猪是我们的好朋友变的。"佟小惠着急地说道。

"什么？你说这头猪是人变的？你是童话故事看多了吧。"村民根本不相信他们说的话，扭头就要走。

马宸在村民的怀里拼命挣扎，可是他越挣扎，村民就抱得越紧。看着马宸，麦斯李灵机一动，说道："叔叔，我们想要这头猪，可是我们没有钱，您看能拿什么东西跟您换吗？"

"你们有什么？"村民看到这些小孩确实挺喜欢这头猪的，便心软下来。

"我家种了好多苹果树，我有苹果，可以换吗？"佟小惠说道。

"可以，那就三千克苹果换一千克猪肉。"村民说道。

"千克？千克是什么？"麦斯李疑惑地看向小八。

"千克是质量单位，质量就是指有多重、有多沉。"小八继续说道，"国际规定质量的标准单位是千克，符号是kg，我们平时也会用到克，符号是g。1kg = 1000g。"

"明白了，那我们怎么测量质量呢？"麦斯李追问道。

"一般比较重的东西，我们用秤称；比较轻的东西，用天平称。"小八快速回答道。

"我家里有秤，去我家称吧。"佟小惠说完带着一行人往

第十五章 克与千克

她家走去。

"我之前见过秤,但没见过天平,天平长什么样呀?"麦斯李问道。

"我给你简单画一下。"小八拿出纸和笔一边画一边说道,"天平有个底座,两边分别有一个托盘,由横梁连接,中间的是指针,指针后面是分度盘。它就跟跷跷板一样,哪边重,天平就会朝哪边倾斜,指针就会偏向哪边。在托盘的下面有一个小小的平衡螺母,是用来调节天平的平衡的。"

"那它怎么称重呢?"麦斯李追问。

"在左边的托盘里放要称的东西,在右边的托盘里放砝码,砝码有固定的质量,当天平平衡的时候看一看右边砝码的总质量就知道物体的质量啦!"小八耐心地解释道。

"如果放一个砝码不够,放两个砝码又重了,怎么办呢?"麦斯李想到了一个问题。

"你看这个横梁,它前面有个标尺,跟直尺很像,上面有数字、单位和刻度线；标尺上有个游码，可以来回拨动。如果往右拨游码，哪边变重了？"小八问道。

"右边。"这个问题很简单，麦斯李立马回答出来。

"对的，所以当出现你上面说的情况时，可以通过调节游码来调节右边的质量，让天平保持平衡。"小八解释完后，麦斯李也大致知道天平怎么用了。

很快，他们来到佟小惠的家里，佟小惠拿出秤给马宸称重，结果显示是 20kg。

"3kg 苹果换 1kg 猪肉，那需要 20×3＝60kg 的苹果才能把马宸换回来。"麦斯李很快算了出来。

"一个苹果大约是 200g，大约需要多少个苹果呀？"佟小惠算不出来，只能向小八求助。

"1kg 等于 1000g，那么 60kg 就是 60000g，一个苹果大约是 200g，60000g 里面一共有 300 个 200g，也就是 60000÷200＝300，大约需要 300 个苹果。"小八很快算了出来。

"谢谢你，我们去摘苹果吧。"佟小惠说完带他们来到自己家的苹果园。

所有人一起快速地采摘着苹果，马宸看着大家为了他这么卖力，心里暖暖的。大家摘够 300 个苹果，称重后就交给了村民，虽然他们累得满头大汗，但都十分开心。

第十六章

角的认识

救出马宸后,大家在佟小惠家里睡了一觉。第二天醒来时,大家发现马宸居然恢复了原样,在一阵欣喜若狂后麦斯李先冷静了下来。

"昨天马宸为什么会变成小猪呢?你们有没有觉得很奇怪?"麦斯李的一番话让其他人也冷静了下来。

"会不会是昨天晚上老爷爷做的饭有问题,马宸是在吃饭的过程中变成小猪的,当时我们三个都没吃,所以没事。"小八想到了问题所在。

"有道理,睡了一晚,马宸把昨晚吃的东西消化完了,所以又变回来啦。"佟小惠顺着小八的思路继续分析。

"小八,用数字宝石看一下吧,别冤枉了老爷爷。"麦斯李对小八说道。

小八拿出数字宝石,注入智慧能量后大喊一声"破"。

只见数字宝石的光芒照在马宸身上,随后马宸的头顶出现了虚幻的画面——老爷爷做饭的时候在饭菜里倒入了一瓶药水,并喃喃自语:"这可是我辛苦研制的'变猪药水',等他们变成小猪,我就可以偷走他们身上的宝石了。"

"果然是他,他是冲着我们的宝石来的,幸亏我们昨晚没有吃他做的饭菜。"得知真相的麦斯李气得咬牙切齿。

画面中的老爷爷在盛饭的时候,一个闪着红光的东西从他怀里掉了出来,不过他眼疾手快,在半空中抓住那个东西又放回了怀中。

"是逻辑宝石,逻辑宝石在他身上。"小八说道。

"我们去找他抢回逻辑宝石。"麦斯李气愤地说。

于是四人出发前往坏爷爷家,路过市场时,他们看到有个小哥哥往车上堆放粮食袋后准备拉走,可是只要车一动粮食袋就往下掉。

第十六章 角的认识

"小哥哥，堆粮食袋时，使下面的粮食袋形成锐角，会比较稳当。"小八看到后提醒他。

"锐角？小八，什么是锐角？"麦斯李的好奇心又上来了。

"就是角的一种呀！"小八随口答道。

"可是，角又是什么？"麦斯李继续追问。

"角就是两条射线共用一个端点形成的图形。"小八发现麦斯李是真的不知道角是什么，便认真解释道。

"那什么是射线？什么又是端点呢？"麦斯李不好意思地挠了挠头问道。

"我从头给你说吧。"小八苦笑着给麦斯李讲解起来，小哥哥也走过来认真听。

"线有很多种，弯弯曲曲的线叫曲线，直直的线……"小八认真解释起来，不料麦斯李爱抢答的老毛病又犯了："是直线对不对？"

"你认真听我说。"小八白了麦斯李一眼，继续说道，"直直的线分三种，有头有尾的叫线段，有头无尾的叫射线，无头无尾的叫直线。"小八在说的同时在地上画起来。

| 线段 |
| 射线 |
| 直线 |

"那怎么判断一条线有没有头和尾呢？"

麦斯李等小八说完小心翼翼地问道。

"这就要说到端点了,你看线段有头和尾,它就有两个端点;射线有头无尾,它就有一个端点;直线无头无尾,它就没有端点!"小八耐心地解释。

"那直线无头无尾是不是就可以无限延长?"

"是的,射线没有尾,它也可以无限延长。"小八继续说,"你们知道同一平面内的两条直线之间有哪些关系吗?"

"我知道,它们可以像'×'一样交错摆放。"马宸答道。

"不错,这种关系叫作相交,就是两条直线在同一平面内只有一个交点的情况。相交里有一种特殊情况叫作垂直,两条直线就像'十'一样摆放,以两条线的交点为中心画个圆,你会发现两条线刚好把这个圆平均分成了4份。"小八继续解释道。

"还有一种关系是两条直线永远不会相交。"佟小惠也想到了一种关系。

"这种关系叫作平行,就是两条直线在同一平面内没有交点。你们想想同一平面内的两条直线还有没有其他的关系呢?"

一阵沉默后,小八说道:"还有一种关系叫作重合,就

第十六章 ● 角的认识

是两条直线在同一平面内有无数个交点。"

麦斯李问:"那你刚才说的角是什么呢?"

"角就是两条射线共用一个端点组成的图形。像这样。"小八边说边画了出来,"你们看这两条射线之间是不是有个夹角,人们通常会根据这个夹角的大小对角进行分类。"

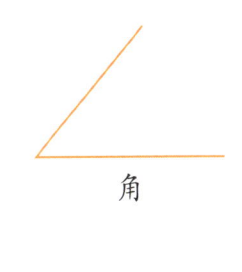

"怎么分呢?"麦斯李追问道。

"如果这两条射线完全重合,它们之间的夹角是 0°,就叫零角。如果其中一条射线绕着端点旋转一周后,刚好同另一条射线重合,但是两条射线之间的夹角是刚才转的整整一圈,这个角叫周角。为了把周角和零角区分开,一般会在周角的端点处画个箭头表示其中一条射线旋转了一周。"小八挪了个地方,继续边讲边画,她画了个"十"图形后说道,"我们把周角平均分成 4 份,每份的夹角叫直角;包含两个直角的这个角叫平角;夹角大小在零角和直角之间的角叫锐角,因为它像尖刀一样锐利;夹角大小在直角和平角之间的角叫钝角。"

麦斯李总结道:"也就是说,你刚才讲的角从小到大依次是零角、锐角、直角、钝角、平角、周角。"

麦斯李的 数学星球历险记

零角	锐角	直角
钝角	平角	周角

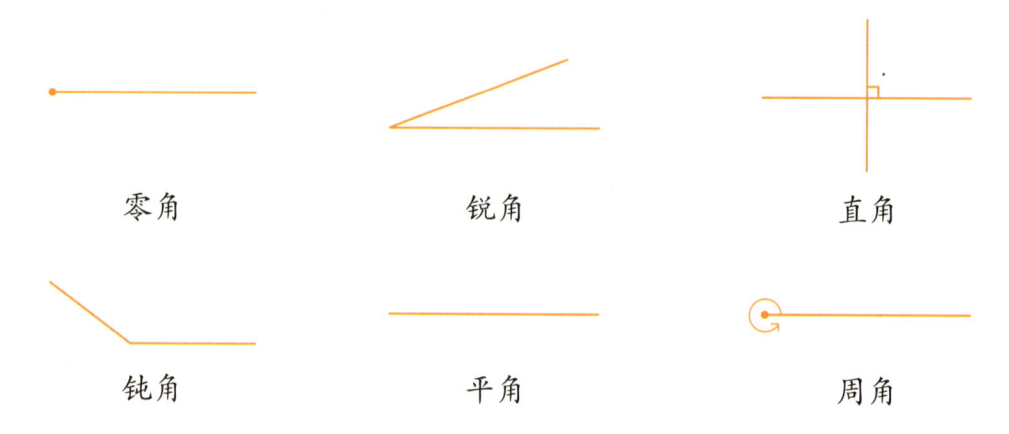

"嗯嗯，没错！"小八点了点头。

"小妹妹，你刚才说我堆粮食袋时下面形成什么角比较稳当来着？"小哥哥开口问道。

"锐角。"小八回答道。

"谢谢你，我爸爸前两天受伤了，我来帮爸爸卖粮食，可是一直弄不好。"小哥哥不好意思地挠了挠头。

"我们来帮你吧。"小八说完招呼大家一起帮忙。不一会儿他们就帮小哥哥装好了粮食，此时刚好来了一位商人，直接买走了小哥哥的全部粮食。

在准备分别时，四人得知小哥哥的家和老爷爷的家在一个方向，于是五人便一起出发了，不一会儿他们就走到了老爷爷家。可是他们进去后却发现已经"人去屋空"了。

"你们别着急，我家就在隔壁，我去问问我爸爸是否了解情况。"小哥哥把他们带到了自己家，并将事情的经过简

第十六章 ● 角的认识

单地和他爸爸说了一下。

"隔壁老爷爷是前几天来的,他说要去魔鬼岛找什么宝石。昨天晚上我换完药回来,正好遇到他拎着东西准备走,我还问他大晚上的要去哪里。他隐约说了一句要回什么城堡。"小哥哥的爸爸把自己知道的都告诉了大家。

"从我们镇一直往东走,有一个大峡谷,穿过峡谷能看到一个城堡,应该就是那个城堡。"小哥哥也说道。

小八谢过小哥哥一家后,辞别了马宸和佟小惠,和麦斯李踏上了寻找最后一块宝石——逻辑宝石的路。

第十七章

搭配问题

"麦八组合"出了镇子后一路向东,不一会儿便看到了小哥哥所说的大峡谷,峡谷内除了阵阵风声,就只剩下两人的脚步声。走了许久之后,他们看到一个狮身人面兽,两人小心翼翼地靠石头的遮挡缓慢前进。

"要出峡谷需要回答对我的问题才行。"一个声音把他们吓了一跳,他们再看向狮身人面兽时,发现狮身人面兽前还站着一位年轻人。原来这位年轻人也要出峡谷,他只有答对狮身人面兽提出的问题,才能通过。

"我去听一下答案。"麦斯李悄悄走到距离狮身人面兽很近的一块石头后藏了起来,只听狮身人面兽说道:"我会问你两个问题,一个问题有一次答错的机会,一旦第二次答错,你就要永远留在峡谷里。"

"第一个问题,有3件不同的上衣和3件不同的裤子,

第十七章 搭配问题

一共有多少种不同的穿衣搭配？"

"9种。"年轻人毫不犹豫地回答。

"正确。第二个问题，有4种不同的水果，每2种水果可以榨出一种果汁，那么它们一共可以榨出多少种果汁？"

"6种。"年轻人还是很快说出了答案。

"回答正确，你可以出峡谷了。"只见狮身人面兽让出一条路，年轻人快速走了出去。

"答案是9和6，我记住了。"麦斯李自信地带着小八出现在狮身人面兽面前，说道，"我们要出峡谷。"

狮身人面兽在提问前又重复了一遍刚才和年轻人说的话，然后说："第一个问题，我有4件不同的上衣和3件不同的裤子，一共有多少种不同的穿衣搭配？"

"9种。"麦斯李自信且迫不及待地说出了答案。

"回答错误，你们还有一次机会。"狮身人面兽瞪着麦斯

李说道。

麦斯李吓得一屁股坐在地上，六神无主地说道："我刚才明明听到答案是9种呀。"

"答案是12种。"小八紧张地说道。

"回答正确。"狮身人面兽瞬间恢复了原来的模样。

"为什么是12种？"麦斯李有点后怕地看向小八。

"每件上衣都可以配3件裤子，一共有4件上衣，也就是4×3=12种。麦斯李，以后可不能投机取巧了，要靠自己才行。"小八扶起麦斯李语重心长地说道。

"第二个问题，有6种不同的水果，每2种水果可以榨出一种果汁，那么它们一共可以榨出多少种果汁？"

"我们先给这6种水果编号，即1～6号，看看两两组合有多少种组合。"小八说完，捡起一根树枝在地上写起来。

"1-2，3-4，5-6，1-3，4-5，2-6……"麦斯李听完也写起来。

"你这样写不行，你能确定你这样写不会有遗漏吗？"小八对麦斯李说道。

"那怎么写？"麦斯李有点不知所措地说道。

"我们要有序思考，比如先看1号能和谁组合。"小八认真说道。

第十七章 搭配问题

"1-2，1-3，1-4，1-5，1-6，一共是5种组合方式。"麦斯李很快理解了小八的意思。

"嗯嗯，现在再看2号可以和谁组合。"小八满意地点了点头。

"2-1，……"麦斯李刚要往下说，就被小八打断了："刚才1和2已经组合过了，还需要写2-1吗？就比如西瓜芒果汁和芒果西瓜汁难道不一样吗？"

"一样的，1号和其他水果都组合过了，其他水果就不用再跟1号组合了。"麦斯李理解起来也很快，他继续说道，"那2号水果要和3~6号水果组合，一共是4种组合方式。"

"对的，然后呢？"小八继续问道。

"接下来是3号和4~6号组合，一共是3种组合方式；4号和5~6号组合，一共是2种组合方式；5号和6号组合，是1种组合方式。合起来就是5+4+3+2+1=15种组合方式。"麦斯李算完后看到小八点了点头，随后转身看着狮身人面兽说道，"15种。"

"回答正确，你们可以出峡谷了。"只见狮身人面兽让出了一条路，麦斯李和小八开心地击了个掌，快速走出了峡谷，随后他们看到了不远处的城堡。

当麦斯李和小八准备出发去城堡的时候，忽然周围响起了轰隆隆的声音，随后他们前方的地面塌陷，他们和城堡中间只剩下一座小岛，他们这边有三根绳索连着小岛，小岛又有两根绳索连着城堡。看来只能通过绳索滑过去了。

这时，狮身人面兽忽然说道："你们两个是不是有空间宝石？"

"你怎么知道？"小八疑惑地问道。

"城堡主人在城堡里设置了机关，当城堡感受到空间宝石出现在周围的时候，就会自动启动机关，你们面前的绳索中只有一种组合能到达城堡，选错了你们就会跌入无底深渊。"狮身人面兽解释道。

"这比魔鬼岛还凶险呀！"麦斯李不知该怎么办了。

"你们去过魔鬼岛？"狮身人面兽惊讶地问道。

"是的，我们还让魔鬼岛恢复了原样。"小八说道。

"那是我的家乡，不知道从什么时候起，岛上布满了各种陷阱、机关，为了生存我不得不离开魔鬼岛。你们把魔鬼岛恢复了原样，你们就是我的恩人，我来帮你们吧。"狮身人面兽继续说道，"你们先算一算，如果这些绳索都能滑，你们一共有多少种到城堡的方法。"

"我们去小岛有三条绳索，从小岛去城堡有两条绳索，也就是我们面前的三条绳索每条到城堡都有两种方法，那么总共就有 3×2=6 种方法。"麦斯李快速给出了答案。

狮身人面兽听后走到旁边一块凸出的石头面前，在上面写了个"6"，只见 3 条绳索断裂，去城堡就剩下了唯一的"路"。

"你们去吧，城堡的主人十分凶狠，你们可要小心了。"狮身人面兽说完便离开了。

麦斯李和小八互相看了一眼，随后通过绳索滑向了城堡。麦斯李听着耳边的风声，感受着体内智慧能量的翻涌，他知道离他回地球的日子不远了。

第十八章

数据收集整理

"麦八组合"来到城堡门口,只见城堡上写着一行大字"是与不是城堡"。

"名字真奇怪。"小八小声嘟囔着,随后和麦斯李走进了城堡。进入城堡后他们终于明白这座城堡为什么叫"是与不是城堡"了,因为他们的耳朵从进入城堡的那一刻开始,就只接收到"是"与"不是"两个词。

进入城堡,映入眼帘的是一个市场,这里的人买东西,都是买家先拿出钱,卖家回答"是"或"不是"。只有买家拿的钱数正确了,卖家才会说"是",否则就一直说"不是"。

"这里的人生活真不方便,他们为什么只说'是'与'不是'呢?"麦斯李对这种情况很不理解。

"我们找个人问问吧。"小八说完便看到一位阿姨迎面走来,她走上前去拉住阿姨问道,"阿姨您好,这里的人只能

第十八章 数据收集整理

说'是'和'不是'这两个词吗？"

"是。"阿姨两眼无神地回答着。

"为什么呀？"麦斯李追问道。

"是、不是、是、不是、是、不是。"阿姨嘴里连说了几遍"是"和"不是"，便走开了。

"我们快点找到逻辑宝石，离开这个鬼地方。可是这里的人只会说'是'和'不是'，我们怎样才能找到老爷爷呢？"

小八思索片刻后说道："我们需要设计个问卷，先收集数据再进行整理，然后分析出老爷爷可能住的地方。"

"这么复杂吗？我完全听不懂。"麦斯李皱着眉说道。

"你站在高一点的地方，看看这个城堡的布局，然后画下来。我画那个老爷爷的画像。"小八安排任务。

麦斯李按照小八说的话爬到附近一座比较高的瞭望塔上，画出了城堡内

的布局。

"城堡内部建筑分布呈'品'字形，分为三个区域，分别是上半区、左半区和右半区。在三个区域的交界处有一座巨大的雕塑。"麦斯李说话间，小八也画好了老爷爷的画像，她听完后说道："接下来就是设计几个关键问题，帮助我们做数据分析。"小八思考了一会儿后说道，"第一个问题，你是不是见过这位老爷爷？第二个问题，你是不是住在上半区？第三个问题，你是不是住在左半区？最后一个问题，你是不是住在大雕塑旁边？"

麦斯李认真地记了下来，然后问道："接下来怎么办？"

"接下来我们把老爷爷的头像和这四个问题找一家打印店多打印一些，在市场上找人填写。"小八思路清晰地说了出来。

两人随后打印出来100份问卷，在大街上人流最多的地方找人填写。两人辛苦了大半天，终于找人把100份问卷填写完了。

"数据收集完毕，接下来我们需要用统计表来整理这些数据了。"小八说着便拿出了纸和笔。

"统计表？"麦斯李好奇地问道。

"是的，统计表可以让我们直观地看到数据信息，可以统计出这100人中有多少人住在上半区，有多少人住在左半区，有多少人住在右半区，每个区域中有多少人看到了老爷爷，有多少人没看到老爷爷，看到老爷爷的有多少人住在雕塑附近。"小八耐心地解释道。

"可是我们没有统计他们是不是住在右半区呀？"

"他们要是第二个和第三个问题都填的不是，那不就说明他们住在右半区了。"小八苦笑着说道。

"我们快开始统计吧。"两人一个读信息，一个整理信息，忙活了起来。

所住区域	上半区				左半区				右半区			
看到老爷爷	是		不是		是		不是		是		不是	
住在雕塑附近	是	不是	是	不是	是	不是	是	不是	是	不是	是	不是
人数	5	0	0	15	30	5	0	5	10	0	0	30

看着统计表，小八问道："你有没有发现什么线索？"

"左半区看到老爷爷的人最多，所以老爷爷住在左半区的可能性大。"麦斯李认真观察后发现了一个重点。

"还有吗？"小八继续问道。

看着摇头的麦斯李，小八说道："我们还可以画一个统计图，看一下看到老爷爷的人还有什么共同特征。"

"统计图？"麦斯李再次一脸疑惑。

"对，统计图有横轴和纵轴，跟我们之前说的平面直角坐标系很像，纵轴表示数量，横轴表示条件。我现在画一个你看看。"小八说完便画了起来。

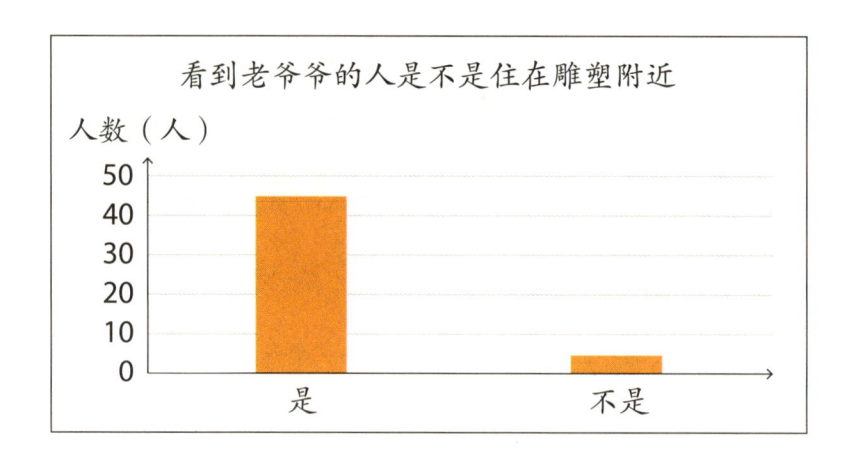

看到老爷爷的人是不是住在雕塑附近

"看到老爷爷的人一共有50人，其中45人都住在雕塑附近，也就是说老爷爷应该在左半区雕塑附近居住。"麦斯李恍然大悟。

"对，我们快去找他吧。"他们说完便出发了，而且他们很快就发现了老爷爷的踪迹。他们尾随老爷爷来到了他家，老爷爷走进房间，不一会儿又出来朝着市场走去。

"趁他不在，我们去他屋里找一找有没有逻辑宝石吧。"麦斯李说完和小八偷偷溜进了老爷爷的家中，他们翻找了半天也没有发现逻辑宝石的线索。

"小八，你试着感受一下逻辑宝石的位置。"

小八闭上眼睛口念咒语"知识的力量是无穷的"，她感

第十八章 数据收集整理

受到一股红色的能量从脚下的地板缝中飘来。

"逻辑宝石在地板下面，看来这个房间有地下室。"小八说道。不一会儿他们便找到了地下室入口，两人进入地下室后，小八愣住了。

只见地下室里坐着一个眼神无光的男人，颓废地坐在墙角，他前方桌子上的逻辑宝石闪烁着淡淡的红光。

"爸爸，你怎么在这里？"小八扑向那个男人。

"是、不是、是、不是、是、不是。"小八的爸爸嘴里连说了几遍"是"和"不是"，似乎已经不认识小八了。

"爸爸，你这是怎么了？麦斯李，帮我想办法救救我爸爸。"小八哭着说。

"这里的人都仿佛着了魔一样，我猜和逻辑宝石有关。小八，你冷静一下，注入你的智慧能量到逻辑宝石中试一试。"麦斯李冷静分析后对小八说。

小八跌跌撞撞地跑过去抓起逻辑宝石，把智慧能量注入其中。智慧宝石顿时红光闪烁，小八大喊一声"解"，随后便昏了过去，这时旁边的男人似乎回过神来了，他看着倒在地上的小八，冲过去抱起她说道："小八，我的乖女儿，没想到你居然能来到这里。"

与此同时，老爷爷发现周围的人都恢复了正常，心中大喊不妙，快速带着守卫往家里飞奔。

"叔叔，我是小八的朋友，我们是为了拿到逻辑宝石跟踪一位老爷爷来到的这里。您知道这里到底发生了什么吗？"麦斯李轻声问，生怕打扰到他们。

"那个老人就是文化大盗，他偷走了地球的文化，还不满足，又来到数学星球，企图偷走数学星球的文化。"小八的爸爸随后说道，"我是数学星球的宰相，因为我发现了他们的阴谋，于是文化大盗便把我抓到了这里，想用逻辑宝石控制全星球的人。奈何他的智慧能量不够，所以只能控制这个城堡里的人。"

忽然，小八的父亲意识到了什么，急切地说道："不好，你们解除了逻辑宝石的控制，文化大盗肯定也会发现的，他现在一定带着人朝我们这边来了。你快带着小八还有逻辑宝石先躲起来，我拖住他们。"

这时楼上传来了急促的脚步声，麦斯李一下也慌了神，拉着小八，拿着逻辑宝石，躲在了旁边的一个破柜子中。

文化大盗下来见桌子上的逻辑宝石不见了，他一把抓住小八父亲的衣领，咬牙切齿地说道："我的逻辑宝石呢？"

"我不知道，我清醒的时候它就不在了。"

文化大盗把小八父亲重重地摔在地上，对周围的守卫吩咐道:"通知所有人,关闭城堡。在城堡内仔细搜,进出城堡就一条路,我们是从那个方向过来的,他们肯定没出去。"

躲在柜子里的麦斯李汗如雨下,他一个小孩哪见过这种阵仗,只能在心里祈求别被发现。但是天不遂人愿,文化大盗环视四周后,目光锁定麦斯李藏身的柜子并一步步靠近。麦斯李感觉要窒息了一般,面如死灰,手脚冰凉,恐惧袭遍全身,仅有的理智提醒他快想办法。

文化大盗突然抽出一把剑,对着柜子用力刺下。剑即将要穿过柜子时,只听柜子里传来一声"定",同时紫光四射,瞬间,外边的人除了小八父亲,其他人都仿佛凝固了似的,一动不动。

"是时间宝石的作用。"小八父亲惊喜地说道。

"叔叔,我的智慧能量有限,只能定住这个房间的人,整个城堡范围太大,我定不住。"麦斯李无奈地说道。

小八父亲向麦斯李要来逻辑宝石,注入自己仅剩的智慧能量,对着被定住的文化大盗,大喊一声:"变"。只见文化大盗摔倒在地,一动不动。

"我把文化大盗的智慧和逻辑全部抹除了,他现在的智力还不如婴儿呢,再也不会祸害大家了。"小八父亲把逻辑宝石还给麦斯李后瘫倒在地,接着说道,"我没办法对付外面的守卫了，估计我们难逃一劫了，不过除掉文化大盗，也算是保住了数学星球，就是苦了你和小八。"

这时，时间宝石的作用也结束了，屋外的守卫发现了问题，便冲了进来，当他们看到自己的首领倒在地上的时候，便举起手中的剑朝着麦斯李他们走了过来。

"不，我们还有机会。"只见麦斯李用右胳膊抱着小八，同时右手拉着小八父亲的手，然后用左手从怀中掏出空间宝石，将自己所有的能量注入其中，脑海中想着冲之爷爷的家，大喊一声："到。"一阵蓝光闪烁后，麦斯李便能量耗尽，两眼一黑昏了过去。

第十九章

简单推理

麦斯李醒来后，第一眼就看到了小八，小八说道："你都躺了三天三夜了，快吃点饭吧。"

吃完饭后麦斯李听小八说在这三天的时间里，小八的父亲带领星球抵抗军把文化大盗的势力铲除干净了，并把文化大盗偷走的地球文化复制给了地球，数学星球和地球都恢复了正常。

"冲之爷爷，我要回家了，但是我心里有种空落落的感觉。"麦斯李把自己的感觉告诉了坐在旁边的冲之爷爷。

"人活着要有目标和方向，你就是忽然失去了目标，不知道自己接下来要干什么，所以才会像现在这样手足无措。"祖冲之摸摸麦斯李的头，微笑着说。

"这段时间我明白了知识的重要性，我一定好好学习，让自己充满智慧。"麦斯李眼神坚定地说。

麦斯李的 数学星球历险记

"不错，那你打算什么时候回地球呢？"冲之爷爷问。

这时，小八伤心地说："你是我最好的朋友，我舍不得让你离开。"

"小八，不用担心，让麦斯李把四颗宝石带走，这样他便可以随时从地球过来陪你玩了。"冲之爷爷拉着小八的手说道。

"真的吗？"麦斯李和小八异口同声地问道。

"当然是真的。"冲之爷爷耐心地说："但是你要通过大家的考验才能拿走这四颗宝石。"

第十九章 简单推理

"我愿意接受考验。"麦斯李坚定地说道。

第二天一早,考验正式开始。首先提问的是狮身人面兽,它拿着逻辑宝石说:"只要你猜对了我最喜欢吃什么水果,我就把逻辑宝石给你。在火龙果、葡萄、草莓、西瓜、香蕉、柠檬、荔枝中有我最喜欢吃的水果,我最喜欢吃黄色的水果,但不喜欢吃酸的,你能猜出我最喜欢吃哪种水果吗?"

"你最喜欢吃黄色的水果,黄色的水果只有香蕉和柠檬;你又不喜欢吃酸的,那就排除柠檬,你最喜欢吃香蕉。"麦斯李很快就说出了答案。

"回答正确,希望你能够一直勇敢,一直充满智慧。"狮身人面兽将逻辑宝石递给麦斯李后送上了祝福。

接下来走来的是笛卡儿、牛顿、奥特雷和华罗庚,他们四人相视一笑。

华罗庚说道:"我看见牛顿拿走了空间宝石。"

牛顿说道:"不是我拿走的空间宝石。"

奥特雷说道:"华罗庚在说谎。"

笛卡儿说道:"其实空间宝石是我拿的。"

冲之爷爷在旁边说道:"他们中间只有一个人说的是真话,你知道空间宝石是谁拿的吗?"

麦斯李的数学星球历险记

"听着好绕呀。"麦斯李听得头都大了。

"你想想他们四个人说的话中,哪些是矛盾的。"小八提醒道。

"我知道了,华叔叔和牛顿叔叔说的话是互相矛盾的,必然是一真一假,那说真话的肯定在他们两人中间,其他人说的都是假话,奥特雷叔叔说华叔叔在说谎,那么华叔叔说的就是真话,空间宝石是牛顿叔叔拿的。"麦斯李反应了过来。

"恭喜你答对了!"牛顿拿出空间宝石递给麦斯李。

然后树儿带着买活力糖水的一群小朋友,还有他们帮助过的村长一起走了过来。树儿说:"麦斯李转过身去,不许偷看哦!"

麦斯李转过身后不久,树儿说道:"我们现在排成一排,我的左边有 3 个人,从右边数,村长是第 4 个人,我和村长中间还隔着 1 个人,请问我们这个队伍有多少人在排队?"

"你左边有 3 个人,加上你是 4 个人,村长从右边数是第 4 个人,加上他也是 4 个人,再加上你们中间的 1 个人,那就是 4+4+1=9(个)人。"麦斯李越说越自信,他刚要大声说出答案时,小八马上打断了他,小声说道:"村长可不

第十九章 · 简单推理

一定在树儿右边呀！"

麦斯李愣了片刻后反应过来："还有一种情况是从左边数树儿是第4个人，从右边数村长是第4个人，然后村长在树儿左边，他们中间还隔着1个人，也就是从左边数村长是第2个人，从右边数树儿是第2个人，也就是一共有2+1+2=5（个）人。"

"答案是9或5个人。"麦斯李大声说出了答案。

"恭喜你通过了考验，这是时间宝石，希望你别忘了我们。"树儿把时间宝石交给麦斯李后，便和麦斯李拥抱告别了。

最后马宸、佟小惠还有他们镇子上的小哥哥走了过来，他们每人手上拿着一把被黑布包裹住的剑。

马宸说道："我拿的是金剑，小哥哥拿的是银剑。"

佟小惠说道："我拿的是银剑，小哥哥拿的是金剑。"

小哥哥说道："我拿的是铁剑，佟小惠拿的是金剑。"

这时冲之爷爷说道："他们每人都只说对了一半，只要你能猜出他们三人各拿的是什么剑，数字宝石就是你的啦。"

"如果马宸拿的是金剑是真的，那么他说小哥哥拿的是银剑便是假话，小哥哥就只能拿铁剑，那么小哥哥第一句话就是真的，他说佟小惠拿的是金剑就是假的，那么佟小惠只

能拿银剑，佟小惠的第一句话就是真的，她说小哥哥拿的是金剑自然就是假的了。这样就符合条件了！"麦斯李利用假设法快速找到了答案，随后说道，"马宸拿的是金剑，佟小惠拿的是银剑，小哥哥拿的是铁剑。"

"回答正确，希望你以后能交到更多的好朋友。"小哥哥把数字宝石交给麦斯李后，便和他告别了。

麦斯李将自身的智慧能量注入四颗宝石，只见一道强光射向地球，麦斯李不舍地看着大家，踏上了回地球的路。